AF129438

»FEINE SPRACHE«

Die tiefe Verbindung zum Pferd und zu sich selbst

Stefan Valentin
Alexia Meyer-Kahlen

VORWORT

VON JEAN-FRANÇOIS PIGNON

Meine Bekanntschaft mit Stefan hat ganz erstaunlich angefangen. Mein Haus in Frankreich zu finden ist nicht einfach, es liegt am Ende eines Weges, der nirgends hinführt und es gibt sogar Einheimische, die es nicht finden.

Es war 2006, wir hatten gerade einen Kurs bei mir und plötzlich steht da dieser Deutsche mit seinem Hund und seinem Hut – er hatte damals schon so einen »Look« – und sagt, dass er mich mal kennenlernen wollte. Er hatte in der Gegend rumgefragt nach einem Jean-François Pignon, aber niemand kannte mich, da wir zu diesem Zeitpunkt erst ein Jahr dort wohnten. Schließlich meinte ein Typ: »Monsieur Pignon, Monsieur Pignon …? Ah! Sie meinen Monsieur Spectacle«, und der konnte ihm ungefähr den Weg beschreiben. So stand Stefan plötzlich in meinem Garten.

Er konnte nur Deutsch und bruchstückhaftes Englisch, ich nur Französisch und bruchstückhaftes Englisch, aber wir haben uns von Anfang an verstanden. Ein Jahr später habe ich bei ihm zu Hause meinen ersten Kurs in Deutschland gegeben. Seitdem haben wir uns sehr regelmäßig gesehen, er hat meine ganzen Kurse in Deutschland organisiert.

Stefan nennt seinen Ansatz »Feine Sprache«. Auch wenn ich in meinen Kursen immer sage, dass man mit seinem Pferd »pferdisch« reden sollte, muss man sich dessen bewusst sein, dass wir in ihren Augen nie ein Pferd werden. Wir werden niemals die Feinheit der Kommunikation erreichen, die Pferde untereinander haben. Wir arbeiten mit einem Tier, was eine enorme Sensibilität hat und sind im Vergleich zu ihm Tollpatsche mit großen Füßen und langen Gerten. Ich mache mir da keine Illusionen. Wenn man meine Pferde interviewen würde, könnten sie viele Bespiele geben, wo ich nicht fein bin. Trotzdem müssen wir Menschen beständig an der Verfeinerung unserer Kommunikation arbeiten. Auch ich bemühe mich, meine Methode beständig zu verfeinern.

Ich wünsche Stefan viel Erfolg für sein Buch und seinen weiteren Weg. Er ist wirklich engagiert und man spürt, dass die Pferdearbeit seine Leidenschaft ist. Und ich wünsche mir, dass die Beziehung, die es zwischen uns gibt, bestehen bleibt. Er hat ein großes Herz und ist ein bisschen verrückt, so wie ich das mag.

Jean-François Pignon

»FEINE SPRACHE«
Die tiefe Verbindung zum Pferd und zu sich selbst

PRAXIS

ZU
ANFANG

ALEXIA MEYER-KAHLEN

WARUM DIESES BUCH?

Ich hatte das Glück, dass Stefan Valentin im Frühjahr 2018 meiner Einladung zu einem Trainingswochenende auf meinen Hof gefolgt ist. Einige Wochen zuvor hatte ich ihn bei einer Show gesehen, wo er mit zwei jungen Friesenhengsten eine schöne Freiheitsdressur vorführte. Das allein hätte mich wahrscheinlich nicht dazu gebracht, ihn anzusprechen, aber als einer der jungen Burschen ausbüchste und von Stefan bei seiner Rückkehr angehalten wurde, mit einer schlichten Demutsgeste (dem Beugen der vorderen Beine) für sein vorheriges Verhalten »Abbitte zu leisten«, war es um mich geschehen. So elegant war diese Korrektur, so unaufgeregt, und vor allem so »pferdisch«, dass ich in diesem Moment wusste: von dem will ich lernen.

Nach dem Wochenende war klar, dass mein Bauchgefühl mich nicht getäuscht hatte. Stefan zeigte uns und unseren Pferden drei einfache Übungen, die der Schlüssel für praktisch jedes Problem sind, das man mit einem Pferd haben kann. Das hört sich vielleicht erstmal unglaublich an, ist es aber nicht, wenn man den Hintergrund versteht. Pferde sind hoch motiviert zu lernen, wenn sie dadurch ihren Zustand (ihre Chancen aufs Überleben) optimieren können. Und als Fluchttier sind sie überlebensnotwendig darauf angewiesen, sich sicher zu fühlen. Wenn wir dem Pferd also durch unsere innere Haltung vermitteln können: »Bei mir kannst du ruhig sein. Bei mir bist du sicher«, werden sie diese Botschaft sehr schnell aufnehmen und umsetzen, indem sie in schwierigen Situationen vertrauensvoll ihren Menschen aufsuchen, anstatt Hals über Kopf davonzurennen. Dieser Ansatz ist ebenso einfach wie genial.

In meinem Fall hat er nach nur zwei Tagen dazu geführt, dass meine hochsensible Pintostute Samira, an deren explosionsartigem Buckeln sich schon mancher Trainer die Zähne ausgebissen hat, mir auf einem windigen Reitplatz mit fremden Pferden tiefenentspannt über knallende Plastikplanen folgte. Und sich bei dem einzigen aufkommenden Impuls zu buckeln selbst korrigierte und lieber ihren Kopf

vor meiner Brust parkte, um da zu entspannen. Das alles wohlgemerkt am Stallhalfter mit durchhängendem Strick. Dass sie mir nach drei Tagen vertrauensvoll durchs Gelände folgte, obwohl ihre Freundin und Stallgenossin hunderte von Metern zurückfiel. Dass ich sie nach vier Tagen frei longieren konnte und Richtungs- wie Tempowechsel nur mit den Augen anzeigen musste – worauf sie prompt reagierte. Und am fünften Tag legte sie sich nach unserer gemeinsamen Arbeit einfach neben mich, als ich mich hinsetzte und auf den Boden klopfte.

Das kostbarste Geschenk, das wir unseren Liebsten machen können, ist unsere wirkliche Gegenwart.

Hier wird es schwierig zu erklären, was da passiert, weil man dieses Herzglück, wenn das eigene Pferd sich einem vollkommen öffnet und anvertraut, erfahren muss. Es sind nicht die einfachen Übungen, die solche Quantensprünge in kürzester Zeit ermöglichen. Sie sind nur ein Instrument, um das Eigentliche zu akzentuieren: die Pausen. Nach jedem minimalen Schritt in die richtige Richtung, den das Pferd macht, lassen wir sofort alles fallen – Blick, Gerte, Arm. Wir ziehen innerlich jeglichen Anspruch vom Pferd ab und tauchen tief in uns ein, in einen Zustand von einfachem Da-Sein.

Jeder, der schon mal eine Herde dösender Pferde beobachtet hat, weiß, dass »geteiltes Sein« für sie so viel erholsamer und befriedigender ist, als alles Schmusen, Loben und Leckerli. Weil dieser Zustand ihr tiefstes Bedürfnis erfüllt: nach Ruhe, Frieden, Sicherheit.

In der Arbeit mit Stefan sind die Pferde nach kürzester Zeit von diesem »Inter-Sein« (um einen Begriff des vietnamesischen Zen-Meisters Thich Nhat Hanh zu gebrauchen), so angezogen, dass sie die Nähe ihres Menschen förmlich suchen, und gerade in schwierigen Situationen da andocken wollen. Verladen? Schwimmen? Mähdrescher? Egal. Je tiefer das Vertrauen ist, das auf diese Weise wächst, umso weniger

kann das Pferd aus der Ruhe bringen, die es bei seinem Menschen findet.

Seit über zwanzig Jahren lehre ich nun in meiner psychotherapeutischen Arbeit Achtsamkeitspraxis und erforsche seit einigen Jahren die Brücke zwischen Achtsamkeit und Pferden. Jedes meiner Jugendbücher handelt von der wortlosen Verbundenheit eines Mädchens mit ihrem Pferd. Mit der »Feinen Sprache« ist an diesem ersten Wochenende mit Stefan etwas tiefer zusammengewachsen, das aus meiner Sicht schon immer zusammengehört: Die achtsame Verbindung mit mir selbst und die echte Beziehung zu meinem Gegenüber, in diesem Fall dem Partner Pferd. Das eine ist auch in der Pferdearbeit nicht ohne das andere zu haben. Beim Abschied sagte ich spontan zu ihm: »Am liebsten würde ich ein Buch über dich und deine Arbeit schreiben.« Und er antwortete in seiner trockenen Art: »Tu's doch.«

So entstand im Verlauf eines intensiven Jahres der Arbeit mit Stefan Valentin dieses Buch. Originär beigetragen habe ich die *Praxis des Menschen*. Als Autorin stellte sich für mich immer wieder die Frage: Wie drückt man eine Erfahrung aus, für die es keine Worte gibt? Weil jeder bekannte Begriff, wie »Pferd-Mensch-Beziehung«, »Vertrauen und Respekt«, »Artgerechte Kommunikation« einen als horsemanshipgebildeten Pferdemenschen dazu verleitet, zu glauben, man wisse schon, worum es da geht?

Die »Feinen Sprache« entzieht sich allen gängigen Beschreibungen. Weil es in erster Linie nicht um ein Tun geht. Sondern ums Sein. Ums Da-Sein hier und jetzt in genau diesem Augenblick. Und um die echte Beziehung zum Pferd auf Augenhöhe. Um einen konkreten Weg zu tiefem gegenseitigem Vertrauen, durch das sich viele Probleme von selber lösen. Bietet man dem Pferd echte Freundschaft an, können Wunder geschehen.

Es war auch Zenmeister Thich Nhat Hanh, der gesagt hat, dass das kostbarste Geschenk, das wir unseren Liebsten machen können, unsere wirkliche Gegenwart ist. Die »Feine Sprache« hilft uns und unseren Pferden, immer wieder zum gegenwärtigen Augenblick zurückzukehren und eine ungeahnte Tiefendimension von Verbundenheit zu entdecken: zum Pferd, zu uns selbst und am Ende zum ganzen Leben.

Wenn mehr Menschen das umsetzen könnten und würden, wäre nicht nur die Pferdewelt ein besserer Ort. Dieses Buch zeigt den Weg.

STEFAN VALENTIN

»FEINE SPRACHE«

Ich habe in dem Jahr der Arbeit an diesem Buch viele Gespräche mit Stefan geführt, um seine Sichtweise auf die zentralen Themen der »Feinen Sprache« zu erfassen und tiefer zu verstehen. Dieses Gespräch hat ziemlich am Anfang stattgefunden. Wir saßen an einem warmen Sommernachmittag im saarländischen Schmelz in Stefans ehemaligem Elternhaus, das er heute mit seiner Familie bewohnt. Stefans Antworten und Gedanken zeigen, wie viel seiner Pferdearbeit mit ihm selbst zu tun hat. Die »Feine Sprache« ist eben nicht nur eine weitere Methode, sondern Ausdruck einer einfachen, unverstellten Beziehung – zu sich selbst, den Menschen, Tieren und der Natur.

Alexia: Was fällt dir zu »Feiner Sprache« ein?

Stefan: Ich mag diesen Begriff für meine Art der Pferdearbeit, weil es von der Aktion, die unser Körper macht und auch von den Aktionen, die das Pferd uns spiegelt, nur minimale Bewegungen sind. Fein ist diese Sprache auch, weil es vor allem um Beziehung geht. Und sie nähert sich der Sprache an, die Pferde untereinander sprechen: nonverbal und sehr subtil.

A: Wie und wo hast du diese Sprache gelernt?

S: Dazu muss ich ein bisschen ausholen. Eigentlich fing es in meiner Kindheit an mit den Hunden, die wir hatten. Wir bekamen damals einen Bernhardiner, ich war vielleicht vier oder fünf. Er war mein Spielkamerad und wuchs natürlich schneller als ich, irgendwann war der ein Wahnsinnskerl. Das Größenverhältnis war etwa so, wie ich es jetzt als Erwachsener zum Pferd habe.

Mit dem habe ich stundenlang unter der Treppe gesessen, ihm Lieder vorgesungen und ihn gestreichelt. Für mich war der so eine Art Zuflucht. Dass dieses Tier mich erduldet, egal wie ich bin. Ich habe früher viele Streiche gemacht, einmal habe ich 40 Eier an die Wand geschmissen. Da gab es natürlich einen Mordskrawall.

A: Du hast nicht nur ausgesehen wie Michel aus Lönneberga, du hast dich auch so benommen …

S: Stimmt. Aber bei Tieren fühlte ich mich einfach besser aufgehoben.

A: Was haben dir Tiere vermittelt? Was hast du von ihnen bekommen?

S: Es fühlte sich einfach gut an, mit ihnen zusammen zu sein. Ich habe als Kind nicht weiter darüber nachgedacht. Im Nachhinein betrachtet, hatte es sicher viel damit zu tun, dass Tiere einen einfach nehmen, wie man ist. Wenn ich mit meinem Hund zusammen war, wurde ich nicht geschimpft, kritisiert, es gab nichts zu tun. Es war total entspannt.

A: Entspannung ist etwas, das ich sehr stark mit dir in Verbindung bringe. Du führst ein offenes Haus; Menschen, Kinder, Tiere kommen und gehen die ganze Zeit, aber irgendwie ist alles super relaxed.

S: Ja, das zieht sich durch mein ganzes Leben. Ich bin entspannt, meine Frau ist total entspannt, unsere fünf Kinder sind so, meine Pferde sind so, mein Hund Shunka, meine Katze Snorre. Man hat uns mal im Restaurant gefragt: Essen Sie immer so langsam?

A: Was würdest du jemandem raten, der diese Grundentspannung nicht von Haus aus mitgebracht hat?

S: In meiner Jugend gab es sicher eine Zeit, wo ich auch mal aufgedreht habe, vielleicht auch etwas aufbrausend war. Später konnte mich einer meiner Söhne total auf die Palme bringen. An ihm habe ich zum ersten Mal verstanden, dass ich allein es in der Hand habe, ob ich hochgehe wie ein HB-Männchen oder ruhig bleibe. Das braucht natürlich ein bisschen Übung, ist aber absolut möglich. Später in meiner Pferdearbeit war diese Erfahrung sehr wertvoll.

A: Du sagst also, was wir in Alltagssituationen lernen und austesten, können wir mitnehmen ans Pferd und umgekehrt?

S: Wir müssen das sogar tun. Wir werden ja kein anderer Mensch, nur weil wir plötzlich neben unserem Pferd stehen.

A: Ich fasse mal zusammen: Einerseits haben Tiere dir von klein an innere Ruhe, Entspannung, ein gutes Gefühl vermittelt, andererseits hast du aber auch schon eine gute Portion davon mitgebracht?

S: Ich kann mich erinnern, dass ich genau hier am Fenster saß, und da oben in der Ecke vom Balkon saß eine Taube. Ich habe die stundenlang nachgemacht. Irgendwann kam sie dann durch die geöffnete Balkontür ins Zimmer geflogen, um nachzuschauen, wo die andere Taube ist. Da bin ich natürlich wieder ausgeschimpft worden, aber ich habe mich total gefreut, dass ich jetzt die Sprache der Tauben sprechen konnte. Wir wohnen hier ja sehr ländlich, und als Kinder waren wir nur draußen unterwegs; unten am Fluss oder im Wald, wir haben uns da eine Hütte gebaut und stundenlang gewartet, ob irgendwelche Vögel angehüpft kamen. Ich habe als Kind enorm davon profitiert, dass die Tiere mich so wahrgenommen haben.

A: Welche Rolle haben Pferde damals für dich gespielt?

S: Es gab einen Freund, mit dessen Tante sind wir irgendwann mal in Lebach reiten gegangen. Das waren noch so typische Reitstunden und bin ich dann auch mal runtergefallen, da haben die Mädels alle gelacht. Ich bin da nie mehr hin. Aber hier im Dorf gab es noch einen Mietstall, wo wir dann immer hingegangen sind. Da war der Druck weg von den Reitstunden oder die Befürchtung, ich könnte fallen und die lachen nochmal. Das Fallen war nicht schlimm. Aber das Lachen von den Mädels schon.

A: Da warst du wahrscheinlich sowieso ein ziemlicher Exot, denn das Reiten in dem Alter ist ja Mädchensache …

S: Dort war eine Zweibrücker-Stute eingestellt. Sie war ein »Turnierpferd«. Das war in diesem Stall, der nur aus Wiesen und einem einfachen Stallgebäude bestand, die Sensation. Und der Besitzer dieser Stute sagte: »Der Stefan darf die reiten, sonst niemand.« Also auch keins von den Pferdemädchen, die es natürlich da auch gab. Da schwoll mir natürlich die Brust.

Tiere nehmen dich einfach wie du bist.

A: Wie alt warst du da?

S: So elf, zwölf. Damals ging auch Herr Sturm, der Stallbetreiber, mit mir ausreiten. Und hat mir erzählt, wie er früher in der Kavallerie geritten ist. In dieser Zeit fand ich richtig zum Pferd. Ein paar Jahre später habe ich dann meine Lehre angefangen und gearbeitet, da gab es erstmal eine Pferdepause. Klar habe ich rüber geschielt, wenn irgendwo Pferde standen. Aber es war zu der Zeit einfach nicht möglich. Mit Mitte zwanzig habe ich dann meinen Beruf gewechselt und kam in den öffentlichen Dienst. Da hatte ich plötzlich mehr Zeit zur Verfügung und habe mir gesagt: »Jetzt will ich zurück zu den Pferden. Und dann ging das los.«

A: Was hast du gemacht?

S: Ich habe einen Freund angerufen und gesagt: »Guck dich mal um nach einem Pferd für mich.« Als er mich fragte, was mir vorschwebt, sagte ich: »Fuchs oder Schecke.« So naiv war ich. Zwei Tage später ruft er an und sagt: »Da verkauft jemand eine Quarterhorse-Fuchsstute mit Fohlen, die ist sogar Reining ausgebildet.« Ich zimmerte mir holterdiepolter meinen Offenstall zusammen, wir hatten ja zum Glück von meinen Eltern das Grundstück und die Wiesen hier bei uns am Ende der Straße. Zwei Tage später ging ich die Stute und ihr Fohlen holen und nahm gleich noch ein Pferd von einem Kumpel als Einsteller auf, damit sie als Herde leben konnten.

A: Wie ging dein Pferdeleben dann weiter?

S: Als es an der Zeit war, meine junge Stute anzureiten, kam gerade Monty Roberts hier im Saarland groß raus. Ich las sein Buch und beschloss, zu ihm nach Amerika zu fahren. Seine Methode des Join-up machte für mich ganz viel Sinn.

Hier in Deutschland waren diese Horsemanship-Geschichten damals noch sehr speziell, und Monty Roberts faszinierte mich, weil er augenscheinlich einen besonderen Zugang zu Pferden gefunden hatte. Im Jahr 2000 bin ich dann rüber. Ich war ein sogenannter »Intern«, also Praktikant. Ich lebte auf der Ranch und nach dem eigentlichen Kurs bin ich noch dageblieben und habe dort geholfen. Das Gute daran war, dass ich in dieser Zeit den Leuten, die nach seiner Methode mit den Pferden arbeiteten, noch auf die Finger schauen konnte.

A: Wie ging es weiter?

S: Ich habe zu Hause meine Stute so angeritten, wie ich es bei Monty gelernt hatte. Das Join-up-System funktionierte bei ihr sehr gut. Ich war der glücklichste Mensch, wenn ich von einem schönen Ausritt zurückkam, der mich über Wiesen und durch Wälder geführt hatte. Doch ich bin so ein Typ, mich reizt immer das Neue. Und mich reizen Probleme. Ich dachte: »Du kannst mit diesem System so vielen Leuten helfen.« Da fing meine Arbeit als Trainer an.

A: Wann kam Jean-François ins Spiel?

S: Den habe ich sechs Jahre später kennengelernt. In all den Jahren war ich nie restlos zufrieden gewesen mit meiner Pferdearbeit. Irgendwas hat mir gefehlt, aber ich wusste nicht, was es war. Ich bin in dieser Zeit durch vieles durch. Habe viele Systeme für mich getestet, als sie neu rauskamen. Mir dies und jenes angeschaut, angelesen oder zugehört und habe es vor allem mit meinen Pferden ausprobiert. Das funktionierte ja auch, aber gleichzeitig fehlte mir immer für mich persönlich ein Stück, wo ich noch nicht das Gefühl hatte, ich bin angekommen.

Auf einer Pferdemesse in München lief ein Video, auf dem Jean-François mit Gazelle und Salsa frei spielte. Mich überfiel plötzlich ein wahnsinnig starkes Gefühl: Den kenne ich. Als wäre er ein Bruder von mir. Und ich wusste: Ich muss den unbedingt treffen. Da ich zu der Zeit mit meiner Familie öfter in Südfrankreich Urlaub machte, habe ich in dem Sommer zu meiner Frau gesagt: »Ich brauche einen Tag. Ich muss diesen Jean-François Pignon finden gehen.« Ich wusste nur, dass er in Calvisson wohnt, also bin ich los.

A: Jean-François hat in seinem Vorwort zum Buch ja von eurer ersten Begegnung erzählt, die ihm offenbar noch in guter Erinnerung war.

S: Ich bin in die Kneipe von Calvisson, habe mir das Telefonbuch geschnappt, dort auch seinen Namen gefunden, aber keiner konnte mir sagen, wo das ist. Nach langem Hin und Her habe ich sein Haus schließlich gefunden. Witzigerweise

hatte er gerade einen Kurs bei sich zu Hause. Er stand da mit einer Kanne Kaffee, hat mich gefragt, ob ich für den Kurs bleiben will. Ich habe nur gesagt: Ich muss zu meiner Familie zurück. Aber ich habe dich gesucht und gefunden.

A: Und dann hast du ihn nach Deutschland geholt?

S: Ein Jahr später kam er nach Schmelz und hat hier auf meiner Wiese seinen ersten Kurs in Deutschland gegeben. Das war 2007. Seitdem sind wir Freunde.

A: Was macht eure Freundschaft aus? Diese besondere Verbindung, die ihr offenbar miteinander habt?

S: Er tickt wie ich. Wir können Blödsinn zusammen machen, er liebt Kinder, und er liebt Pferde. Wir sind einfach auf einer Wellenlänge. Wie das manchmal so ist, man trifft jemanden und glaubt, man kennt sich schon hundert Jahre. Dieses Gefühl hatte ich gleich bei Jean-François. Wir reden nicht nur über Pferde, manchmal unterhalten wir uns auch über Kindererziehung (ich habe fünf Kinder, er hat sechs) oder machen einfach irgendwelchen Unsinn. Ich liebe an ihm, dass

er wahnsinnig einfach gestrickt ist. Und anspruchslos. Keine Starallüren. Er ist wirklich ein total praktischer Mensch. In all dem sind wir uns sehr ähnlich.

A: Jean-François ist ja auch ein sehr gläubiger Mensch, er betet zum Beispiel in seinen Kursen mit den Leuten, die das wollen, vor der Arbeit am Pferd. Welche Rolle spielt das für dich in deinem Ansatz?

S: Ich bereite mich natürlich auch innerlich vor, bevor ich ans Pferd gehe. Aber ich würde es nicht beten nennen. Ich schalte einfach alles ab, was mich in dem Moment beschäftigt und bin dann hundert Prozent da. In meiner Sicht sind wir immer verbunden, auch wenn wir uns nicht so fühlen. Wir sind immer angebunden. Jeder muss seine Form finden, sich diese Verbindung bewusst zu machen.

A: Unterscheidet sich deine Arbeit heute von der Arbeit von Jean-François?

S: Die grundlegende Haltung zum Pferd, die grundlegenden Elemente dieses Ansatzes habe ich von ihm gelernt. Und dafür bin ich ihm total dankbar. Damit hatte ich zum ersten Mal das Gefühl, wirklich angekommen zu sein. Aber man kommt nie endgültig an. Ich mache mittlerweile einige Dinge anders als Jean-François. Das ergibt sich einfach aus der Arbeit und der individuellen Erfahrung. Jeder muss seinen eigenen Weg gehen, das bleibt nicht aus. Und je tiefer man in diese Arbeit reingeht, desto mehr löst sich sowieso alles auf. Im Grunde genommen ist es ein wahnsinniges Loslassen von allen Strukturen, ein Sich-Hineinfühlen in das, was jetzt im Moment ist. In diese Gegenwärtigkeit, in der Türen aufgehen, wo vorher keine waren.

A: Das sagt sich leicht und klingt sehr gut. Aber ich denke, viele Leute stehen davor wie der Ochs vorm Berg.

S: Deswegen geben wir ja in unserem Buch Anleitung. Was man mit sich selber machen kann, damit man dort hinkommt. Das ist für mich ein ganz wichtiger Teil meiner Arbeit: den Menschen über das Pferd den Halt in sich selbst wiederzugeben. Ich versuche, Menschen in sich zu verankern. Nur so kann diese feine Art der Pferdearbeit überhaupt funktionieren.

A: Und wie ist es mit den Pferden? Gibt es bei denen auch irgendwelche Voraussetzungen für die »Feine Sprache«?

S: Nein, die sprechen das fließend. Ganz im Gegenteil ist es für mich faszinierend zu sehen, wie viele sogenannte »traumatisierte« Pferde mit einer schwierigen Geschichte auf diesem Weg besonders schnell beim Menschen andocken. Fast, als wären sie »dankbar«, dass man ihnen so eine Art von Verbindung anbietet. Und dass sie es dann auch echt wertschätzen, so eine Beziehung zu haben. Mein Schecke Amigo war ja auch so ein Fall.

A: Magst du kurz seine Geschichte erzählen?

S: Amigo habe ich etwa so lange wie ich Jean-François kenne, seit 2006. Der Tierschutz hatte ihn aus einem Bretterverschlag rausgeholt, mit einer eingewachsenen Drahtschlinge im Maul. Er war schwierig, ist immer noch sehr sensibel. Sein Vorbesitzer hat eingesehen, dass es kein Pferd für ihn ist und mich gefragt, ob ich ihn nehme. Wir hatten gerade eine Woche vorher ein anderes Pferd verkauft, weil ich gedacht habe, ich brauche kein eigenes mehr. Mir war die Zeit für die Arbeit mit anderen Pferden einfach wichtiger. Und plötzlich kam ich aus heiterem Himmel wieder zu einem eigenen Pferd. Heute bin ich froh, dass Amigo zu mir gekommen ist. Er hat eine wahnsinnige Entwicklung durchgemacht und ist heute für jeden Spaß zu haben. Aber in manchen Situationen merke ich doch, dass da etwas in ihm ist, was er wahrscheinlich nie wird abschütteln können.

Aber so ist das im Leben. Am Ende gehen wir alle nicht als weißes Blatt hier raus.

A: Ist es für dich eine besondere Herausforderung, mit schwierigen Pferden zu arbeiten? Du bist ja unter anderem so eine Art Spezialist für das Verladen von Pferden, die sonst keiner in den Hänger kriegt.

S: Ich mache mich nicht abhängig von Erfolg. Sich zu sagen: »Ich knacke den jetzt, und wenn ich den knacke, bin ich besser als die anderen« – davon bin ich weg. Es gab Zeiten, wo ich unter Leistungsdruck stand, nach dem Motto: »Ich muss das jetzt hinkriegen.« Aber davon habe ich mich komplett freigemacht. Es gibt für mich auch keine »schwierigen« Pferde. Es gibt immer nur das Pferd, das hier und jetzt vor mir steht. Ich brenne darauf, jedes neue Pferd kennenzulernen. Was hat es mir zu erzählen? Was sagt es mir über seine Bewegungen? Über seinen Ausdruck? Es kennenzulernen und unsere Verbindung zu vertiefen, dafür lebe ich.

> Es gibt für mich immer nur das Pferd, das vor mir steht.

Es gibt kein irgendwo Hinkommen. Es gibt nur ein Vertiefen, und das kann man immer. Auch mit ganz kleinen Schritten. Wenn ich mit einem Pferd diesen Weg gehe und wir haben einen kleinen Schritt in die Richtung gemacht, die für uns beide gut ist – ein Pferd, was sich vor dem Hänger immer durch Steigen losreißt, bleibt jetzt zusammen mit mir ruhig vor der Rampe stehen –, dann ist das perfektes Training. Dann kann ich an diesem Tag zufrieden aufhören.

A: Kann man sagen, wenn man das Augenmerk auf das Vertiefen lenkt und da dran bleibt, ohne irgendetwas erreichen zu wollen, wird einem der Rest geschenkt?

S: Das kommt von selbst. Man findet es dann. Das Zusammensein mit deinem Pferd wird immer mehr zu deinem eigentlichen Lehrer. Den Anspruch meiner Arbeit finde ich in einem Zitat des Musikers Robert Schuman wieder: »Ein rechter Meister zieht keine Schüler, sondern eben wiederum Meister.« Das ist mein Anspruch. Ich möchte Meister machen, keine Schüler. Ich will, dass die Leute ihren ganz eigenen Weg gehen und ihre eigene Geschichte schreiben mit sich und ihrem Pferd.

EINLEITUNG

DU BIST DER SCHLÜSSEL

Es gibt viele gute Bücher über die Arbeit mit Pferden. Viele Systeme, Methoden, Anleitungen, die uns sagen und zeigen, wie etwas zu sein hat. Wenn du dich nach einem äußeren Konzept richtest, gibt es allerdings immer eine Gefahr: die Gefahr, dich und dein Pferd zu verlieren. Weil du dem inneren Druck erliegst, wie ihr sein müsstet, wo ihr stehen solltet und was noch zu erreichen wäre.

Du läufst ständig mit einem schlechten Gewissen herum, dass du dein Pferd mehr arbeiten oder besser arbeiten oder ganz anders arbeiten solltest. Das hilft dem Pferd überhaupt nicht. Im Gegenteil: Du stellst es mit deinen ständigen Schuldgefühlen emotional auf ein Podest und ordnest dich ihm gefühlsmäßig von vorneherein unter. Das ist meistens der Anfang von vielen weiteren Problemen zwischen euch.

Wenn du deine ganzen Ansprüche an dich und dein Pferd einfach mal vergessen kannst, und dich einlässt auf das, was hier und jetzt da ist – du mit deinen individuellen Voraussetzungen, dein Pferd mit seinen individuellen Voraussetzungen, vielleicht sogar die Idee, dass es nicht total zufällig ist, dass du und dein Pferd zusammen seid, dann beginnt etwas ganz neues: Deine eigene Geschichte.

Es gibt viele Bücher über Pferde, aber keins über dich und dein Pferd

Auf dem hier vorgestellten Weg wirst du beginnen, dein eigenes Buch, dein »Lebensbuch«, zu schreiben: Über euch und eure ganz besondere Beziehung.

Worin genau besteht eigentlich die Beziehung zu meinem Pferd? Das ist eine Frage, über die sich die meisten Leute wenig Gedanken machen. Darin, es regelmäßig zu füttern und zu putzen? Seinen Stall auszumisten und ihm Heunetze zu stopfen? Regelmäßig seine Hufe bearbeiten zu lassen oder den Tierarzt zu rufen, wenn es krank ist? Aus menschlicher Sicht ist all das sicher ein notwendiger Bestandteil der Beziehung zu unseren domestizierten Pferden. Wir »halten« sie fern ihres natürlichen Lebensraumes und haben daher die Verantwortung, für sie zu sorgen.

Doch was braucht das Pferd von uns? Worin besteht »Beziehung« aus Sicht des Pferdes? Die Antwort ist ernüchternd: Pferde wollen von uns erstmal gar nichts. Ein Pferd, das in artgerechter Haltung lebt, das heißt in einem Herdenverband, auf ausreichend großer Fläche mit Bewegungsanreizen, gutem Futter und Wasser, braucht den Menschen nicht. Doch das ist natürlich noch nicht das Ende der Geschichte.

Menschen und Pferde können miteinander eine für beide Seiten erfüllende Beziehung eingehen, wenn wir einen echten Zugang zum Pferd finden.

Die meisten Menschen haben nicht den Zugang zum Pferd, den das Pferd braucht, um mit ihnen zu kommunizieren, eine immer tiefere Verbindung zu ihnen einzugehen und sie in schwierigen Situationen sogar vertrauensvoll als Ratgeber aufzusuchen. Stattdessen sehen wir immer wieder Pferde, die sich auf der Weide nicht einfangen lassen, auf dem Platz die Mitarbeit verweigern und im Gelände versuchen, uns loszuwerden. Was ist also der Schlüssel zu deinem Pferd? Zu einer echten gegenseitigen Beziehung? Die Antwort ist ebenso einfach wie verblüffend.

Der Generalschlüssel in der Beziehung zu deinem Pferd bist du

Die überragende Bedeutung der eigenen Rolle in der Pferd-Mensch-Beziehung ist ein Faktor, den die meisten Bücher über die Arbeit mit Pferden außer Acht lassen oder nur am Rande erwähnen. Vielleicht, weil den begabten Pferdemenschen, die solche Bücher schreiben, oftmals nicht bewusst ist, wie sie tun, was sie tun. Und dass genau darin der Schlüssel zu ihrem Erfolg liegt, nicht in irgendeiner äußeren Methode – was man spätestens dann realisiert, wenn man selbst die Methode anwendet und zu dürftigen Ergebnissen kommt.

Der Weg zum Pferd führt über seinen Menschen: das ist der fehlende Baustein, der dir endlich vermittelt wird, angekommen zu sein – beim Pferd und bei dir selbst. Aus verhaltensbiologischer Sicht ist das ganz einfach zu erklären: Wenn das Pferd in dir die Qualitäten fühlen und erkennen kann, die es zu seinem (Über)-Leben braucht, wird es sich öffnen und dich in seine Welt hineinnehmen. Zu den Qualitäten, die das Pferd von dir braucht, zählt an erster Stelle, dem Fluchttier Pferd Sicherheit zu vermitteln. Weiter, ihm zu vermitteln, dass ich als Mensch eine Art Intelligenz besitze, die es führen und leiten kann. Das Pferd muss spüren, dass ich einen Plan habe, dass ich weiß, was ich will – so, wie jedes Leittier das weiß. Und dass es mir daher vertrauen kann.

Das Pferd muss mir zutrauen, in unserem Verhältnis ein kompetenter und souveräner Partner zu sein, der bestimmte Situationen besser lösen kann, als es selbst.

Wie werde ich zu einem vertrauenswürdigen Partner für mein Pferd? Nach dem oben Gesagten ist die Antwort auf den ersten Blick vielleicht nicht mehr so überraschend: Es ist keine Frage meines Tuns, also von irgendwelchen Methoden, egal wie wirksam und überzeugend sie daherkommen mögen. Denn Techniken und Methoden sind immer nur so gut, wie der, der sie ausführt.

Wir wollen hier deshalb keine neuen Regeln und Systeme aufstellen. Immer, wenn wir uns an tausendundeine Regel halten müssen, werden wir zwanghaft und starr, überdecken mit unseren Ansprüchen und Vorstellungen die eigentliche Beziehung, auf die allein es dem Pferd ankommt. Wenn ich also nicht über irgendeine Handlungsanleitung (»mache das so und so«) dahin kommen kann, dass mein Pferd mit mir eine echte Beziehung auf Augenhöhe eingehen will, wie dann?

Meinem Pferd ein kompetenter und souveräner Partner zu sein ist eine Frage meines Da-Seins.

Was heißt Da-Sein? Es heißt einfach, wie es in meinem Inneren aussieht, wenn ich meinem Pferd begegne und was ich in diesem Moment ausstrahle. Bin ich gestresst oder entspannt? Müde oder ausgeruht und frisch? Belasten mich gerade irgendwelche Gedanken und Probleme? Oder habe ich den Kopf frei für die Begegnung mit dem Pferd? Habe ich irgendwo im Körper Schmerzen oder Verspannungen? Oder bin ich in meinem Körper gut verankert und präsent?

All das kommt vor und gehört zum menschlichen Leben dazu. Das Entscheidende ist zu lernen, seinen inneren Zustand – also seine Gedanken, Gefühle, Körperempfindungen – aufmerksam wahrzunehmen und zu verändern. Manche nennen das Achtsamkeit und Selbstmanagement. Wie wir es benennen, ist letztlich egal; entscheidend ist, dass das Umschalten von der Außen- in die Innenperspektive der Beginn eines Weges ist: zu innerer Ruhe und Souveränität am Pferd.

Es braucht sehr wenig, um einen guten Zugang zum Pferd zu bekommen

Souveränität heißt Selbstsicherheit und Klarheit im Umgang mit sich selbst. Diese innere Haltung wird von Pferden als sehr angenehm wahrgenommen. Besitzt ein Mensch eine ruhige, souveräne Ausstrahlung, schließen Pferde sich ihm bereitwillig an. Manche Menschen haben das einfach von Natur aus. Aber jeder kann das erlernen.

Was wir dir vorschlagen, um einen guten Zugang zu deinem Pferd zu bekommen, ist letztlich ein Loslassen: von ablenkenden Gedanken und Gefühlen, aber auch von allen äußeren Regeln und Strukturen. Dich stattdessen hineinzufühlen in dich selbst, in genau das, was in diesem Moment da ist zwischen dir und deinem Pferd. Eure gemeinsame Gegenwärtigkeit. Dann gehen plötzlich Türen auf, wo vorher keine waren, zeigen sich Lösungen, die man vorher noch nicht mal erahnt hatte.

Beziehung ist die Basis von allem

Du fragst dich vielleicht, ob dieser Ansatz etwas für dich ist. Weil du ja »eigentlich« Dressur oder Distanz reitest und an diesem ganzen Beziehungskram nicht interessiert bist, »eigentlich« schon im Coaching- oder Therapiebereich mit Pferden arbeitest oder »eigentlich« als Profi heilend oder helfend mit Pferden zu tun hast.

Die Antwort ist in jedem Fall: Ja! Denn Beziehung kommt immer vor Erziehung, tiefe Beziehung ist das Herzstück jeder pferdegestützten Intervention, und eine gute Beziehung zum Pferd macht dem Tierarzt oder Schmied das Leben leichter.

Beziehung = Beziehung?

Nun könnte man andererseits als horsemanship-gebildeter Pferdemensch denken, das mit der Beziehung sei alles kalter Kaffee und man hätte ja schließlich eine gute Beziehung zu seinem Pferd.

Wenn du magst, stelle dir doch mal die folgenden Fragen: Kannst du mit deinem Pferd ohne Halfter und Seil auf einer Wiese spazieren gehen und es folgt lieber dir, anstatt sich auf das Gras zu stürzen? Folgt es dir frei unter eine raschelnde Plastikplane oder in einen tiefen See? Kannst du es auf einem geschäftigen Turnierplatz nur auf Zuruf ausladen und es ohne Zaumzeug durch alle anderen Menschen und Pferde hindurchführen?

Wenn du diese Fragen mit Ja beantwortest, hast du eine wirklich tragfähige Beziehung zu deinem Pferd geschaffen. Das ist wundervoll. Wenn nicht, kannst du eure Beziehung noch vertiefen. Das Werkzeug dazu geben wir dir in diesem Buch an die Hand.

Ein Abend im Stall

Eine typische Situation: Du kommst nach der Schule oder Arbeit genervt in den Stall, da ist grade wieder Zickenalarm, du gehst geladen zu deinem Pferd, erwartest von ihm, dass es etwas zeigen soll, was es vielleicht vor einer Woche konnte, bist enttäuscht und frustriert, wenn es das jetzt auf einmal nicht mehr kann, und möchtest am liebsten alles hinschmeißen.

Entwerfen wir mal einen ganz anderen Ablauf, wie ein Abend im Stall auch aussehen könnte: Du hast schon während des Tages dafür Sorge getragen, dass sich in dir nichts aus deinen zahlreichen Alltagsbegegnungen und -situationen aufstaut und ansammelt. Du hältst vor dem Stallgebäude inne, atmest tief durch und lässt alles los, was du noch an Tagesresten in dir trägst. Diese Zeit jetzt gehört nur dir und deinem Pferd. Du spürst innere Ruhe. In das Gezicke der Stallkolleginnen steigst du ganz bewusst nicht ein, richtest dich innerlich auf dein Pferd aus, das dich jetzt auch bemerkt. Du fühlst tief in deinen Körper hinein, bist einfach präsent, und lässt dein Pferd diese innere Ruhe und Klarheit, die du ausstrahlst, wahrnehmen. Du näherst dich ihm und es kommt dir neugierig und entspannt entgegen, weil du dich einfach gut anfühlst. Wenn es bei dir angekommen ist, bist du in einer friedvollen inneren Gegenwart mit

deinem Pferd einfach da. Das fühlt sich gut an. Das Pferd senkt vor deiner Brust seinen Kopf und ihr verweilt so für ein paar Minuten, genießt beide das Gefühl eurer tiefen Verbundenheit. Dann beginnt ihr mit eurem Training.

Was dir dieses Buch vermitteln kann

Zwischen Mensch und Pferd läuft die Erstbegegnung idealerweise genauso wie zwischen zwei Pferden, um die Sicherheit in der Herde immer wieder neu herzustellen. So kannst also auch du handeln, wenn du weißt, was du tust:

- Du hast gelernt, dich vor jedem Kontakt mit dem Pferd in einen Zustand zu bringen, in welchem du für dein Pferd beziehungsfähig bist. Das heißt, du bist in der Lage, dein Inneres wahrzunehmen und positiv zu beeinflussen.
- Du weißt, wie du die Tür zu eurer Beziehungsebene bei jeder Begegnung wieder aufs Neue öffnest. Euer »Gespräch« fängt schon an, wenn du dich aus der Ferne mit deinem Körper auf das Pferd zubewegst. Das Pferd sieht dich, erkennt, wie du gehst, wie du dich anfühlst. Es bekommt schon auf die Distanz wesentliche Informationen über dich, die es für seine Einschätzung von dir verwertet. Durch innere Entspannung legst du hier bereits die Grundlage, um eure Kommunikation und Beziehung aufzubauen.
- Im Einwirkungsbereich des Pferdes verstehst du, über deine innere Haltung etwas auszustrahlen, das dich für dein Pferd attraktiv werden lässt: Du bietest ihm deine innere Ruhe an, deine Selbstsicherheit und deine Klarheit. Du klärst auf sehr feine Weise eure Beziehungshierarchie. Das ist für das Pferd im wahrsten Wortsinn attraktiv: es will gerne zu dir kommen und dir folgen.

Das sind nur die ersten paar Minuten eurer Begegnung auf der Koppel oder im Stall, doch damit ist der Grundstein für alles Weitere gelegt. Denn du vermittelst deinem Pferd auf diese Weise existenzielle Sicherheit in deiner Gegenwart.

> Der Weg zum Pferd führt über seinen Menschen.

Verpasst du dagegen die ersten kostbaren Momente der Begegnung, weil du schon deinen Trainingsplan im Kopf hast oder in Gedanken noch ganz woanders bist, als bei deinem Pferd, vergeudest du an diesem Tag die Chance, einen echten Zugang zu deinem Pferd zu gewinnen und eure Beziehung zu vertiefen.

Doch das *Ritual des Anfangs* ist nur der Einstieg. Wenn du durch innere Übung deine Ruhe, Selbstsicherheit und Klarheit im weiteren Zusammensein mit deinem Pferd entwickeln und aufrechterhalten kannst, wird vieles anders laufen, als du es vielleicht gewohnt bist – egal, ob du Bodenarbeit machst, longierst, reitest oder einfach nur spazieren gehst.

- Du verstehst, wie du allein durch deine innere Haltung und die Qualitäten, die du ausstrahlst, auftretende Probleme lösen kannst bzw. wie sie erst gar nicht mehr auftauchen.
- Du wirst Stresssituationen, die du vormals versucht hast, zu vermeiden (z.B. das Pferd allein aus der Herde zu nehmen oder eine Straße zu wählen, an der viele kläffende Hunde wohnen), nun vertrauensvoll aufsuchen, weil sie eine Gelegenheit darstellen, die Beziehung zwischen dir und deinem Pferd weiter zu vertiefen.
- Verladeprobleme gehören der Vergangenheit an.
- Du wirst dein Pferd ohne Zaum und Longe, nur über deine Augen, longieren können, auf dem Reitplatz genauso wie auf der Weide.
- Dein Pferd zeigt dir immer wieder, dass es dir vertraut und freudig folgt. Es beginnt, mit dir frei zu spielen.
- Du erlebst Momente tiefster Verbundenheit mit deinem Pferd, beseelt von einem Gefühl stillen Glücks.

Hast du erst einmal erfahren, zu welchem Großteil deine innere Haltung die Qualität der Beziehung zu deinem Pferd und das Auftreten von bestimmten Problemen bestimmt, verstehst du auch, dass du allein der Schlüssel zur Lösung bist.

Es geht letztlich um eine Art Perspektivwechsel: Wir gucken einfach mal von der anderen Seite ins Tal. Wir sehen ins selbe Tal, aber eben von der anderen Seite.

Der Weg zu deinem Pferd führt nur über dich. Du musst keine teuren Trainings aufsuchen, Unmengen an Büchern lesen oder verzweifelt die Stallkollegen um Rat fragen. Es liegt allein in deinen Händen, alles zu verändern. Ist das nicht fantastisch?

Machen wir uns auf den Weg!

GRUND-
LAGEN

EIN BISSCHEN THEORIE

Vielleicht fragst du dich, warum dieses Buch mit einem Kapitel allgemeiner Theorie über das Sozial- und Lernverhalten des Pferdes beginnt. In den letzten Jahrzehnten ist das Bewusstsein darüber, was für Pferde in Haltung und Training »artgerecht« ist, enorm gestiegen und hat viele wichtige Erkenntnisse gebracht. Gerade wenn wir schon viele Jahre mit Pferden unterwegs sind, nehmen wir oft unbewusst vieles als gegeben hin, einfach weil es »schon immer so war«.
Hier kann es hilfreich sein, mit einem frischen Blick auf einige grundlegende verhaltensbiologische und lerntheoretische Fakten über das Pferd zu schauen, und die eigene Pferdehaltung sowie den eigenen Umgang mit seinem Pferd in diesem Licht neu zu betrachten. Damit zusammen hängt ein weiterer Grund für die Theorie am Anfang: Oft liegt der Grund für das Problemverhalten eines Pferdes schlichtweg in Haltungsfehlern. Diese müssen zuerst ausgeschlossen bzw. behoben werden, bevor man eine Lösung des Problems über Beziehung und Training angeht.

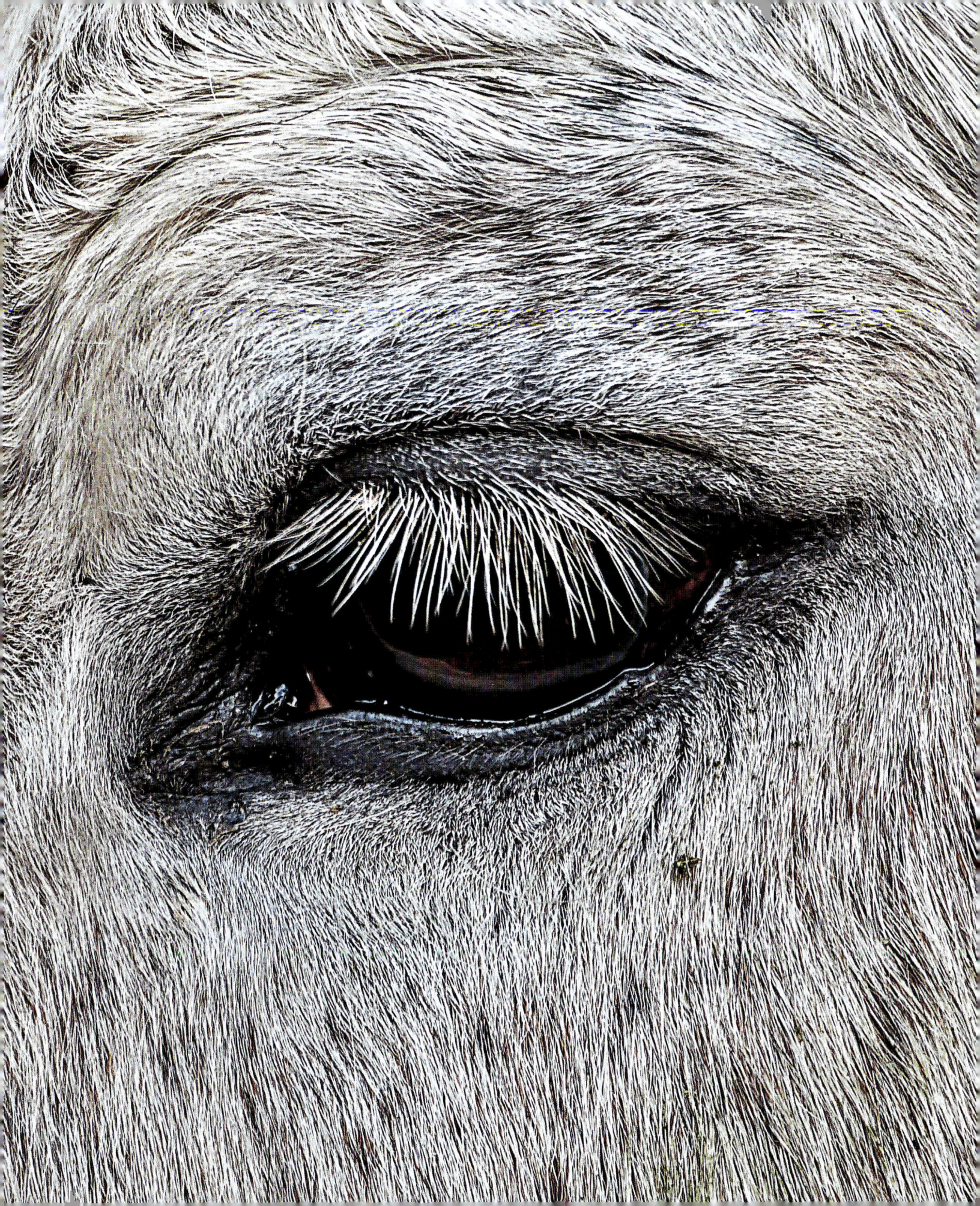

Sozialverhalten des Pferdes: Stimmungsübertragung und Freundschaft

Wir zwingen unsere Pferde dazu, in einer für sie in weiten Teilen »künstlichen« Umwelt zu leben und mit einem artfremden Sozialpartner, dem Menschen, zu interagieren. Umso mehr schulden wir es ihnen, ihren angeborenen Verhaltensweisen und essenziellen Bedürfnisse so gut es geht Rechnung zu tragen. Nur unter solchen Umständen werden sie ihr Potenzial im Zusammensein mit dem Menschen voll entfalten können.

Im ersten Abschnitt »Typisch Pferd« betrachten wir das natürliche Verhalten des Pferdes, denn es ist die Grundlage für eine artgerechte Haltung und einen pferdegerechten Umgang. Aus dem natürlichen Verhalten von Pferden ergeben sich einige Konsequenzen für die Beziehung zum Menschen. Darum geht es in den folgenden Abschnitten.

Typisch Pferd: Steppentier, Herdentier, Fluchttier

Im Verlauf einer 60 Millionen Jahre dauernden Entwicklung hat das Pferd über einen kontinuierlichen Anpassungsprozess an seine Umwelt einen bestimmten Körperbau mit spezifischen Sinnesorganen sowie einem arttypischen Grundverhalten ausgebildet.

Dieses arttypische Verhalten des Pferdes lässt sich in grober Vereinfachung mit drei Schlagworten beschreiben: Steppentier, Herdentier, Fluchttier. Betrachten wir kurz diese Grundeigenschaften und ein paar mögliche Konsequenzen für artgerechte Haltung und einen pferdegerechten Umgang.

Steppentier

Als grasfressender Steppenbewohner ist das Pferd seit mindestens 25 Millionen Jahren auf eine energiearme und rohfaserreiche Nahrung angewiesen. Um damit seinen Energiebedarf decken zu können, hat die Evolution Fresszeiten von täglich etwa 16 Stunden im Erbgut des Pferdes verankert. Mit dem Grasen ist weiterhin ein Bewegungsverhalten verbunden, bei dem das Pferd sich zwei Drittel des Tages in langsamem Schritt vorwärtsbewegt. Darauf sind sein Körperbau, die Funktionsabläufe seines Organismus und sein Verhalten seit Jahrmillionen ausgelegt.

Aufgrund der klimatischen Bedingungen in der Steppe von heißen, sonnigen Tagen und kalten Nächten haben Pferde zusätzlich über Jahrmillionen eine hervorragende Thermoregulation sowie einen hohen Lichtbedarf entwickelt.

Lange Fresszeiten an dürrem Raufutter, stundenlange langsame Vorwärtsbewegung, Unempfindlichkeit gegenüber Temperaturschwankungen, Bedürfnis nach Licht. Jeder Pferdehalter sollte bedenken, inwieweit seine Haltungsform diesen genetisch verankerten Bedürfnissen seines Pferdes entspricht.

Herdentier

Seit mindestens 25 Millionen Jahren leben Pferde in engem Sozialverband mit Artgenossen. Für einen wehrlosen Pflanzenfresser, der in einer offenen Landschaft lebt, sichert die Gemeinschaft das Überleben. Ein gemeinschaftliches Zusammenleben bedeutet für das Pferd also existenzielle Sicherheit. Wird ein Pferd allein gehalten, muss es immer auf der Hut sein und kann seinen Bedürfnissen (etwa nach Ruhe) nicht ausreichend nachgehen. Das führt zu chronischem Stress, der das Pferd psychisch und physisch krank machen kann.

Entsprechend ihrem Grundbedürfnis nach engen sozialen Kontakten zu Artgenossen und einem Leben in Gemeinschaft besitzen Pferde ein angeborenes Sozialverhalten. Dabei wird der Hauptteil des Tages gerne mit ruhigen Aktivitäten wie gemeinsamem Fressen, Fellpflege oder Entspannung verbracht, bei Jungtieren kommt noch das Spiel hinzu. Um einen geregelten Ablauf des Gemeinschaftslebens zu sichern, stellen Pferdeherden eine Rangordnung auf, die Aspekte von Konkurrenz und Kooperation beinhaltet.

Eine funktionsfähige Rangordnung setzt eine stabile Herdensituation voraus. Herrscht in einer Pferdegruppe ein ständiges Kommen und Gehen, bedeutet das für die Pferde Dauerstress, da sie sich ständig neu organisieren müssen.

Fluchttier

Evolutionsgeschichtlich hat sich das Pferd im Laufe seiner Jahrmillionen langen Entwicklung immer mehr auf den Verteidigungsmechanismus »Flucht« spezialisiert. Das zeigt sich an der Ausbildung seiner Hufe, an seinem leistungsfähigen Herz-Kreislauf-System sowie an der besonderen Ausprägung seiner Sinnesorgane.

Bis heute ist die Fluchtreaktion die erste Antwort eines Pferdes auf Schreck oder Bedrohung. Ein flüchtendes Pferd hat immer Angst. Deswegen ist es falsch, es dafür zu strafen, denn das würde im Pferd noch mehr Angst auslösen.

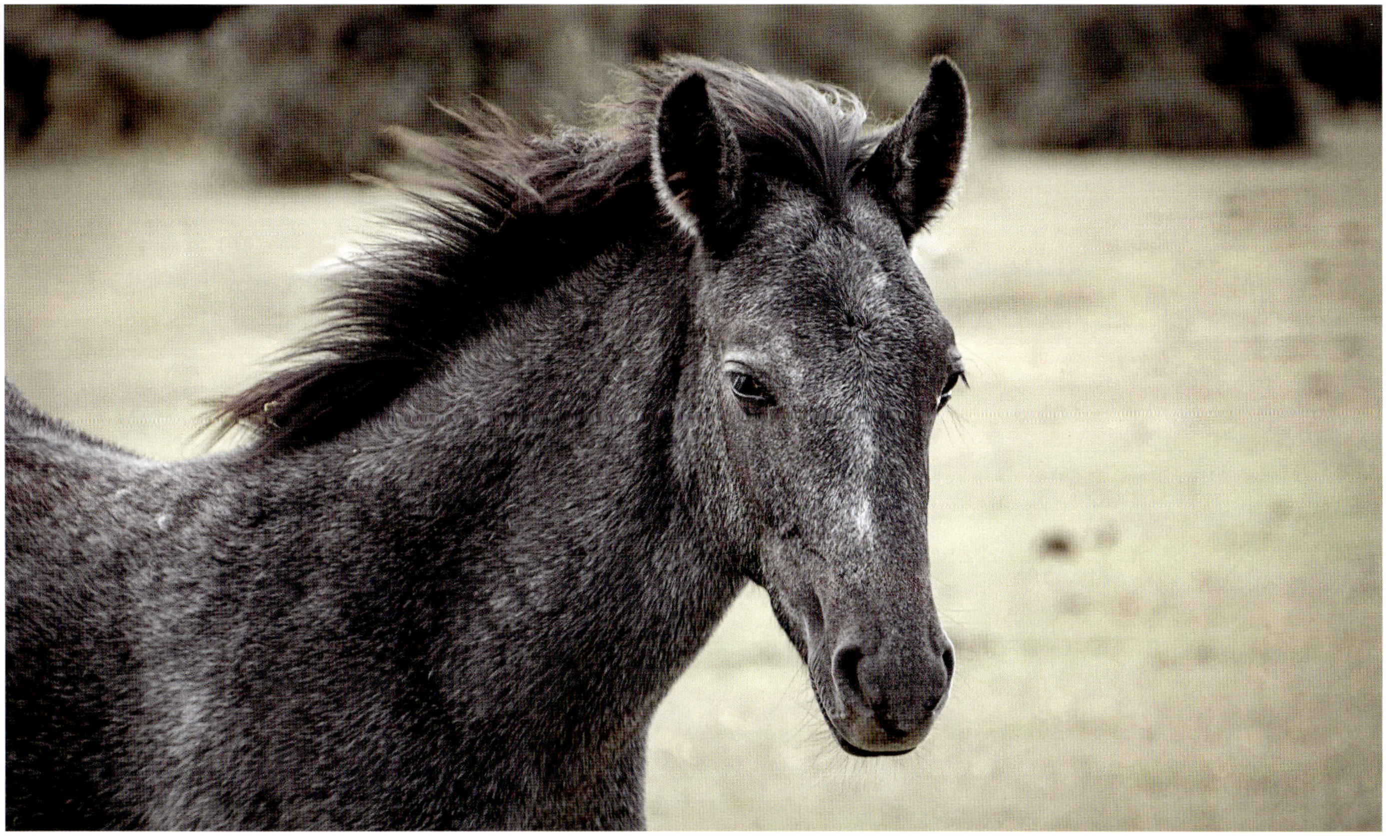

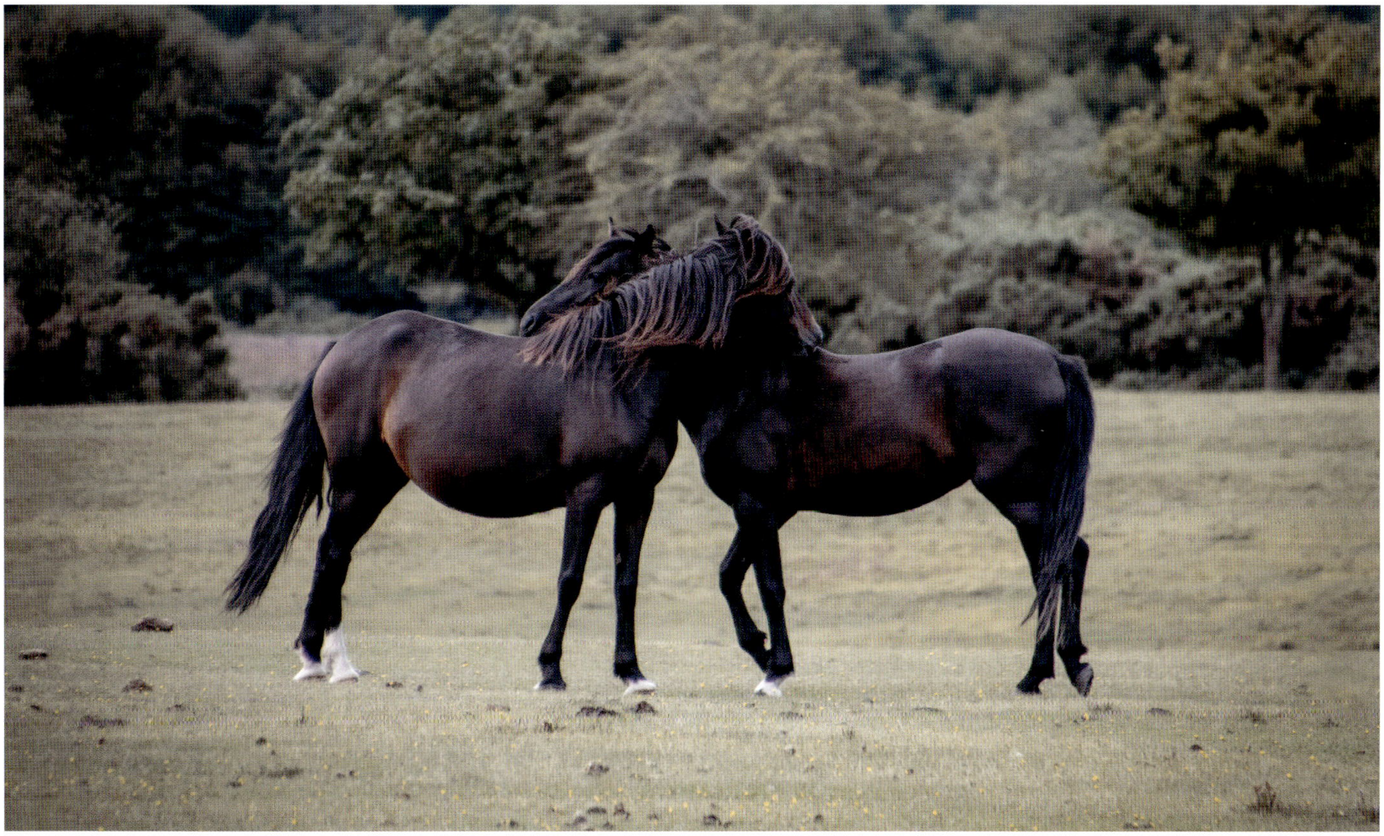

Nach einer gewissen Fluchtdistanz bleibt das Pferd in der Regel stehen, um die Gefahrenlage aus der Ferne einzuschätzen. Halten sich Schreck und Neugier die Waage, setzt das Verhaltensprogramm von Vorstoß und Rückzug ein, bei dem das Pferd die Situation in vorsichtiger Annäherung zu erkunden beginnt. Das Pferd nähert sich, all seine Sinne sind auf den Gegenstand gerichtet. Irgendwann zieht es sich wieder zurück, geht dann erneut nach vorne und überschreitet die Stelle, an der es zuerst innegehalten hat; es verschiebt also eine imaginäre Linie immer weiter auf den Furcht erregenden Gegenstand zu. So nähert es sich immer mehr an, bis es ihn mit seiner Nase genauer untersuchen kann. Dieses Erkundungsverhalten kann man sich im Training zunutzemachen, etwa bei der Desensibilisierung des Pferdes auf furchteinflößende Objekte.

Nur wenn keinerlei Fluchtmöglichkeit besteht, wird das Pferd in den Angriffsmodus wechseln und sich mit Schlagen oder Beißen verteidigen. Sind für das Pferd weder Flucht noch Kampf eine realistische Option, kann das dritte Stressreaktionsmuster zu Erstarrung führen. Ein solches Muster sieht man zum Beispiel bei Schulpferden, die so lange Erfahrungen von Begrenzung, Einschränkung und Bestrafung

machen, bis sie sich in einem Zustand »erlernter Hilfosigkeit« selbst aufgeben.

Auch wenn die Fluchtreaktion im Pferd genetisch tief verankert ist, können neue Erfahrungen diese Reaktion verändern – sowohl im Positiven wie im Negativen. Das macht man sich in der Pferdeausbildung zunutze, indem man durch Gewöhnung und operante Konditionierung (dazu später mehr) versucht, die angeborene Fluchtreaktion einzudämmen beziehungsweise zu unterbinden.

Als Pferdehalter muss uns bewusst sein, dass die körperliche und seelische Reaktion mit Kampf, Flucht oder Erstarrung für das Pferd immer mit hohem körperlichen und seelischen Stress einhergeht. Wir müssen darum im Umgang mit dem Pferd Mittel und Wege anwenden, um den Stress des Pferdes auf einen funktionalen Erregungszustand zu senken.

TIPP

Im »Handbuch Pferdeverhalten« der bekannten Pferdeethologin Dr. Margit Zeitler-Feicht findest du viele Informationen zu angeborenen Verhaltensweisen des Pferdes und den Konsequenzen für Haltung und Umgang.

Rang, Aggression und Freundschaft

Innerhalb der Rangordnung einer natürlichen Herde ist die Leitstute auf der ranghöchsten Position verantwortlich für die Führung der Herde, danach kommt der Haremshengst, der neben dem Decken vor allem die Aufgabe hat, die Herde nach außen zu verteidigen. Ihm schließen sich die übrigen erwachsenen Stuten und Hengste an. Am rangniedrigsten sind die abgesetzten Jungtiere und Fohlen.

Innerhalb von sozialen Gruppen wird eine Rangordnung grundsätzlich durch ein fein abgestimmtes Repertoire an Droh- sowie Unterlegenheitsgebärden der einzelnen Mitglieder aufgestellt und erhalten. Pferde zeigen dabei immer nur so viel aggressives Verhalten, wie die Klärung eines augenblicklichen Konflikts erfordert; sich gegenseitig ernsthaft zu verletzen dient nicht dem Überleben.

Auf der niedrigsten Stufe droht ein Pferd einem anderen lediglich mit seiner Gesichtsmimik, dem sogenannten Drohgesicht (zurückgelegte Ohren, verschmälerte Nüstern, nach hinten gezogene Maulwinkel). Das genügt schon, damit ein niederrangiges Pferd ausweicht. Auf der nächsten Stufe kommt ein Ausdruck von Aggression durch den gesamten Köper dazu, wie das Drohschwingen des Kopfes, Beißdrohen mit geöffnetem Maul, das Angehen des niederrangigen Pferdes und das Androhen eines Schlags mit der Hinterhand. Erst auf der dritten Eskalationsstufe droht das Pferd mit gewolltem Körperkontakt wie Beißen oder dem Hinterhandschlag.

Um Konflikte ohne den möglichen Kollateralschaden eines Kampfes zu lösen, kennt das Verhaltensrepertoire des Pferdes verschiedene Demuts- und Beschwichtigungsgebärden, die sich optisch oft als das Gegenteil des Drohverhaltens darstellen: sich klein machen, den Kopf nach unten senken oder abwenden, Hinterhand und Schweif einziehen. Das Maul ist oft fest geschlossen und die Ohren seitlich abgeklappt (»Flügelohren«). Außerdem wird ein rangniederes Tier dem ranghöheren in Anerkennung seiner Ranghöhe ausweichen bzw. den Individualbereich des ranghöheren Tieres meiden.

Es soll noch erwähnt werden, dass die moderne Verhaltensbiologie die Rangordnung in einer Herde nicht als eine starre Leiter mit Sprossen, sondern vielmehr wie ein komplexes Netzwerk betrachtet. So lassen sich in Herden oft Dreiecksbeziehungen finden, in denen kein immer und überall dominantes Pferd festgestellt werden kann.

Zwei Freunde beim
gemeinsamen Dösen

TIPP

Nimm dir Zeit, die Rangverhältnisse in einer Pferdegruppe zu beobachten. Du wirst viel über die Körpersprache lernen, mit denen Pferde Überlegenheit oder Unterlegenheit gegenüber anderen Herdenmitgliedern ausdrücken. Darüber hinaus können dir die gesammelten Informationen helfen, das Verhalten deines eigenen Pferdes in Bezug auf dich selbst besser zu verstehen. Ein höherrangiges Pferd »fragt mehr nach«, als ein niederrangiges, eine Leitstute »testet« mehr, als selbst ein hochrangiger Wallach das tut.

Neben der linearen Ordnung gibt es in der Rangordnung einer Herde allerdings noch eine zweite Ebene, die quer durch alle Hierarchieschichten geht: die sogenannten soziopositiven Beziehungen von Pferden. Es ist ein relativ neues Konzept in der Pferdewelt, dass einzelne Pferde in einer Herde unabhängig von Rangposition, Alter und Geschlecht enge freundschaftliche Bindungen eingehen und offenbar auch ein intensives Bedürfnis danach haben.

Befreundete Pferde verbringen gerne viel Zeit zusammen, wollen gemeinsam fressen, dösen, spielen, betreiben Fellpflege und vertreiben sich gegenseitig die Fliegen. Diese soziopositiven Verhaltensweisen haben eine stark stressmindernde Wirkung auf die beteiligten Pferde. Auf der anderen Seite verursacht es oft einen tiefen und langanhaltenden Stress für beide Pferde, wenn ein eng befreundetes Paar getrennt wird.

Ein Pferd, das mit dieser Form von enger sozialer Bindung vertraut ist, ist auch für den Menschen ein besserer Partner. Andererseits kann ein Mensch, der um den hohen Stellenwert von sozialer Bindung und ihren Ausdrucksformen weiß, dem Pferd ein besserer Sozialpartner werden, wenn er sich entsprechend verhält. Das wirkt auf die Beziehung zwischen Mensch und Pferd ungemein vertiefend. Mehr dazu erfährst du unter *Lernverhalten des Pferdes* im Abschnitt über die Belohnungsform *Entspannung* sowie in der *Praxis am Pferd* unter dem *Loben mit der Pause*.

TIPP

Beobachte eine Pferdegruppe einzig unter dem Aspekt der besonderen Freundschaft zwischen einzelnen Tieren. Wer steht zusammen, döst zusammen, frisst zusammen? Wer macht miteinander Fellpflege und wer spielt? In einer stabilen Zweierherde kann man auch diese Verhaltensweisen beobachten, doch gehen die beiden Pferde oft nur eine funktionale Freundschaft ein, nach dem Motto: Besser du als keiner. Kannst du den Unterschied im Ausdrucksverhalten zwischen einer solchen Zweckgemeinschaft und »echten Freunden« erkennen?

Stimmungsübertragung zur Synchronisation von Verhaltensweisen

Nicht nur eng befreundete Pferde, auch die gesamte Herde führt Aktivitäten wie Fressen, Ruhen und Fortbewegung oft gemeinsam aus. Besonders eindrücklich ist diese Verhaltenssynchronisation in einer Gefahrensituation.

Eine wild lebende Pferdeherde grast friedlich. Ein Pferd hebt plötzlich alarmiert den Kopf, seine Ohren sind gespitzt in Richtung auf eine vermutete Gefahr, es nimmt eine fluchtbereite Körperhaltung ein. Einige andere Pferde der Herde übernehmen sofort das Verhalten und richten sich angespannt mit hoch erhobenem Kopf und gespitzten Ohren in dieselbe Richtung aus.

Jetzt gibt es zwei Möglichkeiten, wie das Szenario weitergeht: Entspannt das erste Pferd seine Ohren und senkt den Kopf etwas ab, entspannen sich alle anderen Pferde wieder und grasen weiter. Setzt das erste Pferd jedoch zur Flucht an, wenden sich alle Pferde in einem Bruchteil von Sekunden gemeinsam ab und flüchten. Viele Körper werden zu einem großen Körper, was es einem Angreifer erschwert, ein einzelnes Tier zu isolieren. Es muss dabei nicht immer das ranghöchste Tier sein, das eine Fluchtstimmung auf die Herde überträgt. Es gilt vielmehr der Grundsatz: Wenn einer flüchtet, flüchten alle. Denn es geht ums Überleben aller.

Die Synchronisation von Verhalten wird möglich durch die sogenannte Stimmungsübertragung. Auf Grundlage von ganz bestimmten Nervenzellen des Gehirns, den sogenannten Spiegelneuronen, lassen sich die Pferde von den Verhaltensäußerungen und Bewegungen ihrer Artgenossen anstecken, wenn nötig in Sekundenbruchteilen. Für das Fluchttier Pferd ist Stimmungsübertragung überlebenswichtig. Doch Pferde zeigen Stimmungsübertragung auch beim Gähnen, Dösen, Nachfolgen, Spielen, Wälzen und Herumziehen. Sie fördert das harmonische Zusammenleben in der Gruppe und die Bindung zwischen den Herdenmitgliedern.

Spiegelneuronen können noch mehr. Sie erlauben dem Pferd nicht nur, körperlich nachzuahmen, was andere Pferde tun, sondern auch, die Absichten und Gefühle seines Gegenübers zu lesen. Pferde besitzen also die Fähigkeit, sich fühlend in andere hineinzuversetzen. Das kommt auch

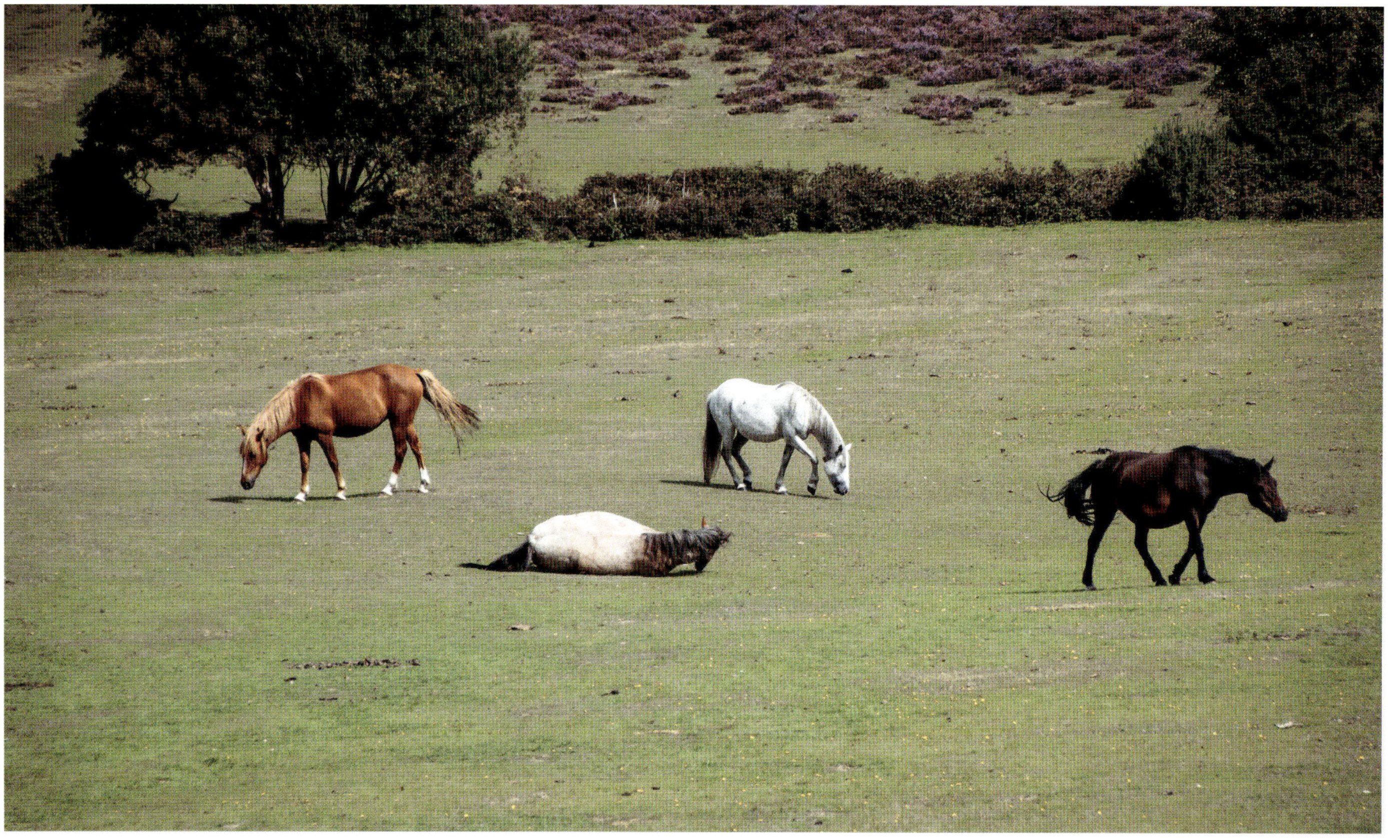

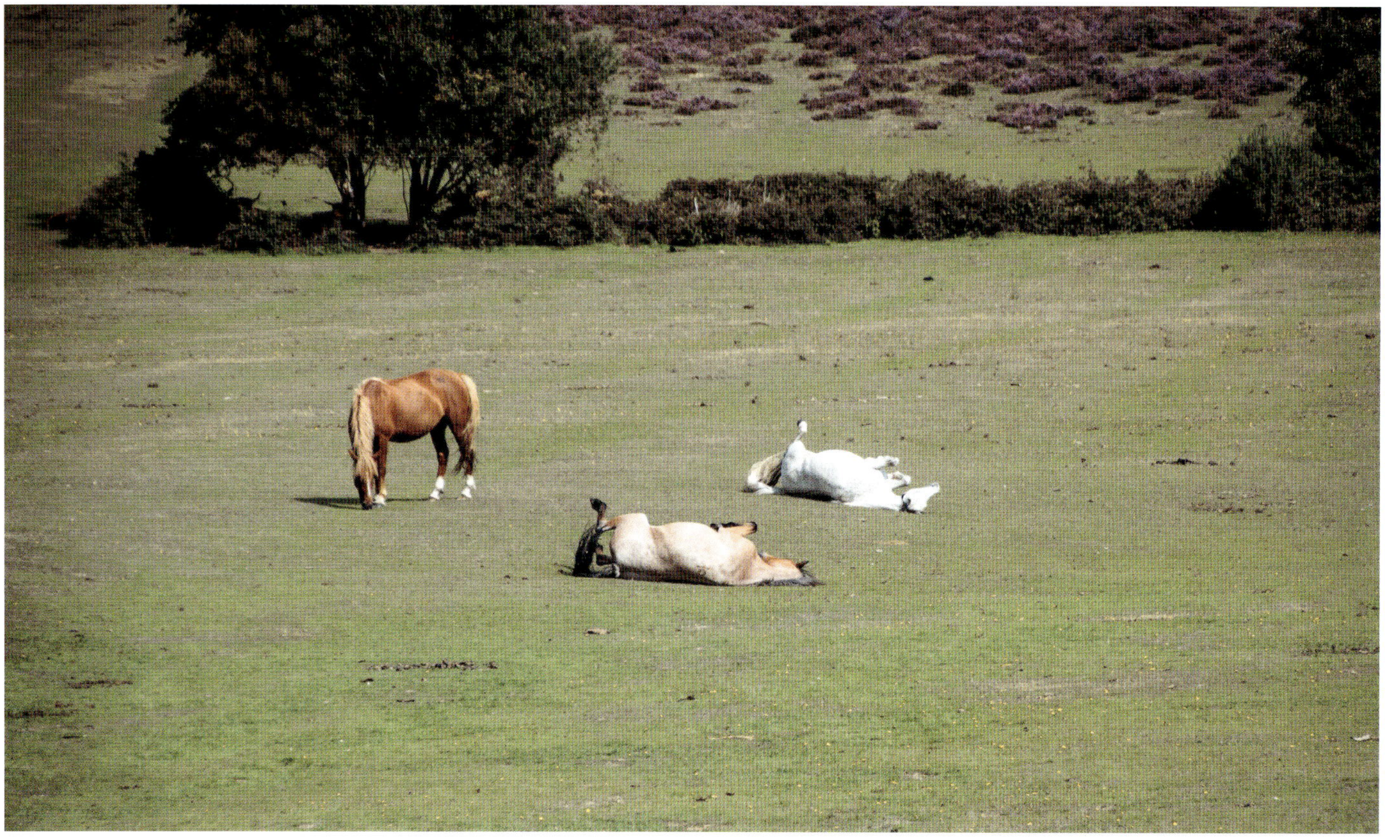

Bringe dich in eine Verfassung, in der du dich für das Pferd gut anfühlst.

gegenüber dem Menschen zur Anwendung. Stehst du vor deinem Pferd, scannt es dich in einem Bruchteil von Sekunden und nimmt genau wahr, wie du dich in diesem Moment fühlst. Wir können dieses Gescanntwerden nicht umgehen und können dem Pferd auch nichts vormachen. Es wird immer unsere echte Grundstimmung erfassen und diese in seinem Verhalten widerspiegeln.

Das hat wichtige Konsequenzen für deine Beziehung zum Pferd. Es liegt an dir, vor jedem Kontakt mit dem Pferd kurz deinen inneren Zustand zu überprüfen und dich in eine Verfassung zu bringen, in der du dich für das Pferd »gut anfühlst«. Wie das geht, kannst du in der *Praxis des Menschen*

nachlesen. Kommt es dann zum Kontakt mit deinem Pferd, wird es dich schon im Fernbereich das erste Mal abscannen. Steht es zum Beispiel auf der Weide, wird es dein Kommen bereits auf große Distanz bemerken und dir vielleicht sogar aufmerksam seinen Kopf mit gespitzten Ohren zuwenden. Bist du schließlich im Nahbereich deines Pferdes angekommen, wird es dich mit Hilfe seiner hervorragend entwickelten Nase ein zweites Mal gründlich abchecken: Wie fühlst du dich heute an?

In diesen ersten Minuten entscheidet sich schon ganz viel, was den weiteren Verlauf eurer Begegnung oder gemeinsamen Arbeit an diesem Tag betrifft. Gestaltest du die ersten Minuten eurer Begegnung bewusst, hast du damit schon einen großen Schritt zu einer harmonischen Beziehung und für beide Seiten befriedigenden Trainingseinheit gemacht. Einzelheiten dazu findest du unter anderem in der *Praxis am Pferd* unter *Echten Zugang finden: Das Ritual des Anfangs.*

Die Stimmungsübertragung sollte nicht mit der Lernform der Nachahmung verwechselt werden (mehr dazu gleich unter *Wie lernen eigentlich Pferde?*), denn im Gegensatz zur Nachahmung ist bei der Stimmungsübertragung das gezeigte Verhaltensmuster dem Pferd bereits bekannt.

Lernverhalten des Pferdes: Lernfähigkeit und Lernbereitschaft

Als normaler Pferdemensch macht man sich in der Regel keine theoretischen Gedanken über das Lernen seines Pferdes. Und natürlich kannst du die Übungen in diesem Buch durchführen, ohne dich damit auseinanderzusetzen, warum bestimmte Trainingsansätze wirken, wie sie wirken und was dein Pferd motiviert, sie auszuführen.

Trotzdem wollen wir dich ermutigen, immer wieder zur allgemeinen Theorie des Lernverhaltens von Pferden zurückzukommen. Sie wird dich auf tieferer Ebene verstehen lassen, wann genau und wie genau du dich deinem Pferd gegenüber in einer bestimmten Situation verhalten solltest, um sein Lernverhalten zu fördern. Warum es zum Beispiel wichtig ist, eine Übung immer mit einem positiven Gefühl für das Pferd zu beenden. Welche wichtige Bedeutung Pausen haben. Oder welche Belohnungsformen effektiver als andere sind, damit dein Pferd das Gelernte optimal aufnimmt und verarbeitet.

Das Lernen deines Pferdes auf theoretischer Ebene zu verstehen kann dich dazu führen, nicht einfach nur Übungen anzuwenden, sondern pferdegerechte Entscheidungen zu treffen, weil du weißt, warum du tust, was du tust.

Was ist Lernen?

Zuerst wollen wir uns kurz mit der Frage beschäftigen, welchen Stellenwert eigentlich das Lernen für ein Lebewesen hat. Kurz gesprochen können wir niemals nicht-lernen, so wie wir auch niemals nicht-kommunizieren und uns niemals nicht-verhalten können. Jedes Lebewesen nimmt über seine Sinne ständig die unterschiedlichsten Reize auf, die im Gehirn verarbeitet werden und in entsprechende Reaktionen münden. Nur wenn ein Organismus sich auf diese Weise immer wieder neu an unterschiedliche Umstände und Situationen anpassen kann, wird er fortbestehen. Lernen ist also ein biologisch notwendiger, lebenslanger Anpassungsprozess für Lebewesen, um zu überleben.

Daraus kannst du schon eine wichtige Einsicht ziehen: Dein Pferd lernt immer! Es lernt passiv durch eine Lernform wie Gewöhnung, es lernt unbewusst durch klassische Konditionierung, es lernt sehr viel durch angenehme und unangenehme Erfahrungen, was man operante Konditionierung nennt, und es lernt manches durch Nachahmung, was eine höhere Lernform darstellt. Mit all diesen Formen des Lernens werden wir uns im nächsten Kapitel beschäftigen.

Weiterhin ist ein Lebewesen immer bestrebt, durch Lernen einen für sich optimalen Zustand zu erreichen. Dein Pferd tut nie etwas »mit Absicht«, um dir »eins auszuwischen«, es tut nichts »für dich« und es will auch nicht »gewinnen«. Dein Pferd handelt in einer bestimmten Weise, einzig um seine Überlebenschancen in einer bestimmten Situation zu erhöhen bzw. zu optimieren. Eine zweite wichtige Einsicht in Bezug auf das Lernen ist also: Das Lernen deines Pferdes dient immer nur der Optimierung seines eigenen Zustandes!

TIPP

Frage dich am Ende eines Trainings einfach mal, was dein Pferd jetzt von dieser Einheit gehabt hat. Hat sie sich auch aus Sicht deines Pferdes »gelohnt«? Dann wird es auch bereit sein, Neues zu lernen.

Wie lernen eigentlich Pferde?

Wenn wir »pferdisch« sprechen wollen, müssen wir uns ein paar grundlegende Gedanken machen, über welche Prozesse Pferde überhaupt Neues aufnehmen. Pferde haben ein sehr gutes Gedächtnis und können hervorragend unterschiedliche Reize unterscheiden. Doch viele Pferdemenschen neigen dazu, die Lernfähigkeit ihres Pferdes zu überschätzen. Wir übertragen unbewusst unser menschliches Lernverhalten auf das Pferd und wundern uns dann, wenn es verwirrt oder total überfordert ist.

So können Pferde zum Beispiel eine Beziehung zwischen ihrem Verhalten und einer bestimmten angenehmen oder unangenehmen Konsequenz ihres Verhaltens nur in einem Rahmen von ein bis zwei Sekunden herstellen. Denn in einer Herde kommt das Feedback auf ein bestimmtes Verhalten immer sofort. So müssen auch im Pferdetraining »Lob« und »Strafe« im Sekundenbereich auf die erwünschte oder unerwünschte Handlung folgen, sonst versteht das Pferd schlichtweg nicht, was das eine mit dem anderen zu tun hat. Und das erzeugt Stress.

Schauen wir uns also zunächst einmal pferdetypisches Lernverhalten an. Hier lassen sich unterschiedliche Formen des Lernens unterscheiden, wobei im Pferdetraining vor allem die operante Konditionierung und Gewöhnung eine Rolle spielen. Wir erklären die Lernformen hier in der Reihenfolge ihren steigenden Anforderungen an das Pferd.

Gewöhnung (Habituation)

Die Gewöhnung ist eine einfache Lernform. Sie bedeutet, dass sich bei wiederholtem Auftreten eines äußeren Reizes, der für das Pferd weder positive noch negative Folgen hat, die Reaktion des Pferdes auf diesen Reiz allmählich abschwächen wird.

Ein Beispiel: Im New Forest-Naturschutzgebiet im Süden Englands leben die halbwilden New Forest-Ponys in einem 300 Quadratkilometer großen Naturschutzgebiet, das aus Wiesen, Wäldern und hügeligen Heideflächen besteht. Durch den gesamten New Forest führen Autostraßen, welche die kleinen Orte des Gebietes miteinander verbinden. Den Autofahrern ist es untersagt, schneller als 40 km/h zu fahren und grundsätzlich gilt die Regel: Tiere haben Vorfahrt! Folglich kann es passieren, dass plötzlich ein Pony völlig ruhig und gelassen auf der Straße steht und keinerlei Anstalten macht, sich vom Fleck zu bewegen. Denn die New Forest-Ponys sind von Kindesbeinen an Autos gewöhnt.

Im Pferdetraining wird Gewöhnung etwa im Prozess der Desensibilisierung eingesetzt. Das im Pferdeverhalten verankerte Prinzip von Vorstoß und Rückzug hatten wir schon unter *Sozialverhalten des Pferdes* besprochen. Macht man sich dieses Erkundungsverhalten im Desensibilisierungs-Training zunutze, zeigen Pferde angesichts »furchteinflößender Dinge« wie Plastiktüten oder Plastikplanen bald eine zunehmende Toleranz. Auch bei der Desensibilisierung wird die Reizschwelle des Pferdes in Bezug auf einen bestimmten Gegenstand heraufgesetzt, so dass sich seine Reaktion auf diesen Gegenstand allmählich abschwächt.

Hier spielt allerdings die Reaktion anderer Pferde eine große Rolle. Flüchtet ein Großteil der Herde vor einer Plastiktüte, die auf der Weide liegt, wird sich auch ein Pferd, das im Training bereits mit einer Plastiktüte desensibilisiert wurde, von der Herde mitreißen lassen und flüchten.

Eine Gewöhnung im negativen Sinne findet statt, wenn man das Pferd mit Reizen überflutet und keine wirkliche Reaktion darauf fordert (z.B. ständig auf das Pferd einredet oder ständig neue Impulse gibt, bevor das Pferd eine Chance hat, auf den vorherigen Impuls zu reagieren). Auch wenn ein Reiz zu schwach ist, um eine Reaktion hervorzurufen (z.B. ein ständig gleichbleibendes Antippen mit der Gerte, anstatt die Berührung progressiv zu steigern, bis eine Reaktion kommt), kann diese Art von Gewöhnung zu Abstumpfung führen.

Der Lernvorgang der Gewöhnung ist umkehrbar. Fehlende Wiederholungen oder eine einmalige schlechte Erfahrung können genügen, um die ursprüngliche Stressreaktion des Pferdes auf den Reiz wieder hervorzurufen. Deshalb sollte man zum Beispiel auch ein verladefrommes Pferd regelmäßig in den Hänger führen, damit es daran gewöhnt bleibt.

Klassische Konditionierung
(Lernen über das Unterbewusstsein)

In der Lernpsychologie wird unter Konditionierung allgemein eine Lernform verstanden, bei der eine bestimmte Verhaltensweise (»Response«) mit einem neuen Reiz (»Stimulus«) assoziiert wird. Das geschieht durch eine wiederholte Koppelung von Verhalten und Reiz, bis eine Verknüpfung entstanden ist (Stimulus-Response-Lernen). Wir können zwei Grundformen von Konditionierung unterscheiden: die operante und die klassische.

Bei der Lernform der klassischen Konditionierung wird ein neuer, vorher neutraler Reiz nun zum Auslöser (»Schlüsselreiz«) für ein reflexartiges Verhalten des Tieres, das es nicht willentlich beeinflussen kann. Daher nennt man die klassische Konditionierung auch Lernen über das Unterbewusstsein.

Wir alle kennen das berühmte Experiment des russische Mediziners und Physiologen Iwan Petrowitsch Pawlow, der bei einem Hund die Gabe von Futter mit einem akustischen Signal verknüpfte, bis allein das Tonsignal beim Hund den angeborenen Verhaltensreflex »Speichelfluss beim Anblick von Futter« auslösen konnte. Hier wurde also ein neues Signal (Ton) mit einer bereits vertrauten Reaktion (Speichelfluss bei Futtergabe) assoziiert, das nach erfolgter Verknüpfung selbst zum Auslöser der Reaktion wurde (Speichelfluss bei Tonsignal).

Ein Beispiel: Bei uns auf dem Hof müssen wir einen quietschenden Balken zur Seite schieben, wenn wir den Pferden ein Heunetz oder ihr Krippenfutter auf den Paddock bringen. Schon das Balkenquietschen löst mittlerweile bei den Pferden die Assoziation von Futter und die entsprechenden Reaktionen aus. Selbst wenn sie ganz oben auf dem Trail stehen und gar nicht sehen, ob jemand überhaupt Futter dabei hat, beantworten sie das Balkenquietschen mit einem erwartungsvollen Brummeln oder Wiehern.

In der Pferdeausbildung benutzen wir klassische Konditionierung zum Beispiel, wann immer wir ein Pferd mit Hilfe positiver Verstärkung (Futterreiz) an neue Ausrüstungsgegenstände oder Hilfen gewöhnen. Auch die anfängliche Gewöhnung an einen Clicker (das »Einclickern«) ist eine klassische Konditionierung: Der Clickton wird beim Pferd zum Auslösereiz für die Futtererwartung.

Operante Konditionierung
(Lernen durch Versuch und Irrtum / Lernen am Erfolg)
Operante Konditionierung tritt im Leben ständig spontan auf, bei Pferden, Menschen, selbst bei Insekten. Um so erfolgreich wie möglich zu überleben, sucht jeder Organismus angenehme Erfahrungen und vermeidet unangenehme. In diesem Bestreben wird von einem Lebewesen ein bestimmtes Verhalten »operant« (als Instrument) eingesetzt, um eine förderliche Konsequenz herbeizuführen. Im Gegensatz zur klassischen Konditionierung, in der ein vorangegangener Reiz zu einem bestimmten Verhalten führt, spielen beim operanten Konditionieren somit die (vorweggenommenen) Konsequenzen eines Verhaltens die entscheidende Rolle.

Ein Beispiel: Das neben einer Wiese angebundene Pferd spielt mit seinem Strick (eigenes Verhalten). Der Strick öffnet sich (auslösender Reiz), worauf das Pferd zwei Schritte zur Wiese hinübergeht und grasen kann (unmittelbare Konsequenz). Das Verhalten Spielen am Strick führt also zu etwas Angenehmem.

Dieselbe Situation: Strickspiel (eigenes Verhalten), der Strick öffnet sich (auslösender Reiz), das Pferd geht hinüber zur Wiese, tritt dabei auf den Strick, reißt den Kopf hoch und erfährt einen scharfen Zug im Genick (unmittelbare Konsequenz). Das Verhalten Spielen am Strick führt hier zu etwas Unangenehmem.

In beiden Fällen ist eine operante Konditionierung erfolgt – im ersten Fall hat das Pferd gelernt, dass das Strickspiel sich lohnt, weil es danach zum Fressen auf die Wiese kann (lohnende Konsequenz), und wird sein Verhalten wahrscheinlich wiederholen. Im zweiten Fall hat das Pferd gelernt, dass das Strickspiel eine unangenehme Erfahrung nach sich zieht (nicht lohnende Konsequenz) und wird wahrscheinlich nicht mehr mit dem Strick spielen.

Das Gehirn versucht ständig, den Auslöser der angenehmen/unangenehmen Gefühle zu identifizieren, um sie in Zukunft vorwegnehmen zu können. Zum Beispiel sieht eine Pferdeherde ein Reh aus dem Wald treten und gleichzeitig schickt ein lauter Knall von einem Überschallflugzeug die ganze Herde in die Flucht. Vereinfacht gesprochen wird es in Zukunft reichen, dass ein Reh aus dem Wald tritt, um die Herde in die Flucht zu schicken, weil sie das Auftauchen des Rehs mit der erschreckenden Erfahrung des Knalls verknüpft hat. Doch nicht nur das: Die Pferde werden versuchen herauszufinden, was passiert, bevor das Reh aus dem Wald

kommt, damit sie besser vorbereitet sind. Sie suchen also nach einem Auslöser. Gibt es zum Beispiel ein Rascheln und Knacken im Gehölz, bevor das Reh aus dem Wald tritt, wird das in Zukunft für die Pferde zum Signal, aufzuschauen und sich auf die Flucht vorzubereiten, weil ja gleich das Reh aus dem Wald kommt. An diesem Beispiel sieht man auch, dass der vermeintliche Auslöser (Gehölzrascheln und Reh tritt aus dem Wald), den ein Lebewesen unbewusst mit einer bestimmten Erfahrung (erschreckender lauter Knall) in Verbindung bringt, mit der wirklichen Ursache der Erfahrung (Überschallflugzeug) rein gar nichts zu tun haben muss.

Es ist leicht zu verstehen, warum bei der Ausbildung von Pferden operante Konditionierung eingesetzt wird: Das Pferd soll auf ein äußeres Signal (z.B. Stimmkommando) ein gewünschtes Verhalten zeigen, woraufhin ein Bedürfnis des Pferdes befriedigt wird oder es eine Belohnung erhält (die verschiedenen Formen von Verstärkung und Belohnung betrachten wir in den beiden nächsten Kapiteln). Bei der Lernform der operanten Konditionierung wird ein bestimmtes Verhalten also gezielt mit einem äußeren Signal und einer unmittelbaren Konsequenz für das Pferd verknüpft. Das Pferd zeigt das gewünschte Verhalten nicht wegen des Signals, sondern es wird von den positiven oder negativen Auswirkungen seiner Handlung (Erfolg oder Misserfolg) gesteuert. Deshalb nennt man die operante Konditionierung auch »Lernen durch Versuch und Irrtum« oder »Lernen am Erfolg«.

Um auf das Clicker-Beispiel zurückzukommen: Hat das Pferd die Verknüpfung von Click und Leckerli über klassische Konditionierung hergestellt, kann der Clickton im Weiteren als auslösender Reiz bei der operanten Konditionierung eingesetzt werden: Ein erwünschtes Verhalten (z.B. auf Impuls am Halfter den Kopf absenken) wird über den Clickton positiv verstärkt, worauf das Pferd in Form eines Leckerlis belohnt wird. Bei der Ausführung des erwünschten Verhaltens wird das Pferd durch den konditionierten Ton innerlich positiv gestimmt, weil es eine Belohnung erwartet. Das erhöht die Wahrscheinlichkeit, dass es dieses Verhalten beim nächsten Mal wieder zeigt.

Kognitives Lernen
(Lernen durch Beobachtung / Nachahmung)

Es war lange umstritten, ob Pferde überhaupt zu höheren kognitiven Leistungen in der Lage sind, die eine große Leistungsfähigkeit des Gehirns voraussetzen.

Bei der kognitiven Lernform des »Lernens durch Beobachtung« kopiert das Pferd Verhaltensmuster, die es optisch oder akustisch aufgenommen hat und lernt so eine neue Fähigkeit. So kann zum Beispiel ein Jungpferd eine unbekannte Situation, wie das Durchqueren eines Flusses, einfacher meistern, wenn ein älteres, erfahrenes Pferd vorangeht. Auch können junge, rangniedere Tiere Informationen von älteren, ranghohen Pferden übernehmen, denen sie bei der Arbeit zuschauen, zum Beispiel wenn diese geritten werden.

Es gibt Studien zu komplexer Lernfähigkeit bei Ponys, die nach bestimmten Regeln abstrakte Zeichen und Formen unterscheiden konnten und so zu anfänglich abstraktem Denken in der Lage waren. Zu einem Lernen durch Einsicht, also ein Problem zu erkennen und durch Übertragung eines bekannten Lösungsweges zu lösen, scheinen Pferde jedoch nicht in der Lage. Soll das Pferd etwa den Ausgang einer Weide benutzen, um zu einem Futtereimer zu kommen, der in der entgegengesetzten Richtung vom Ausgang steht, kann es diesen Transfer nicht leisten. Es wird ratlos bis frustriert hinter dem Weidezaun gegenüber dem Futtereimer verharren, ohne darüber »nachzudenken«, über welchen Lösungsweg es den Eimer erreichen kann.

Prägung

Die Prägung ist eine Sonderform des Lernens und sei hier nur der Vollständigkeit halber erwähnt. In einem je nach biologischer Art festgelegten Zeitraum nach der Geburt wird ein bestimmtes Verhalten irreversibel festgelegt. So lernt das neugeborene Fohlen in der Zeit zwischen einer halben Stunde bis zwei Tagen nach seiner Geburt über Sinneseindrücke seine Mutter und somit seine eigene Art kennen (Objektprägung). Es muss also erst lernen, dass es ein Pferd ist. Daher sollte während der sensiblen Phase der Kontakt zur Mutter auf keinen Fall vom Menschen gestört werden.

Verstärkung und Motivation

Jeder, der mit Pferden umgeht, kennt es, sein Pferd für ein gewünschtes Verhalten zu belohnen und für ein unerwünschtes Verhalten in irgendeiner Form zu strafen. Belohnung und Strafe gelten beim Lernen durch operante Konditionierung als sogenannte Verstärker.

Entscheidend dafür, was Belohnung und was Strafe ist, sind dabei die Empfindungen des individuellen Pferdes, nicht die des Menschen! Ein Pferd, was schon den ganzen Tag auf der Weide stand, werde ich nicht wirksam mit einem

Ein Fohlen muss
erst lernen, dass
es ein Pferd ist

Büschel Gras belohnen können. Und ein Pferd, dem ich egal bin, kann ich nicht durch den Entzug meiner Aufmerksamkeit bestrafen.

In der Lerntheorie sprechen wir statt von Belohnung und Strafe auch von verschiedenen Möglichkeiten der Verstärkung eines Lernverhaltens. Die Verstärkungsform entscheidet darüber, ob das Pferd ein bestimmtes Verhalten häufiger zeigen wird, weniger zeigen wird oder gar nicht mehr.

Achtung: Wir dürfen die Beschreibungen der verschiedenen Arten von Verstärkung nicht wertend verstehen! »Negativ« bezieht sich im Folgenden nur darauf, dass etwas *entfernt* wird, »positiv«, dass etwas *hinzugefügt* wird. »Bestrafung« heißt hier nur, dass diese Form von Verstärkung in einem für das Pferd als *unangenehm empfundenen Gefühl* resultiert und das damit verknüpfte Verhalten darum weniger wahrscheinlich wieder auftreten wird. »Belohnung« heißt entsprechend, dass diese Form von Verstärkung in einem für das Pferd als *angenehm empfundenen Gefühl* resultiert und das damit verknüpfte Verhalten darum mit größerer Wahrscheinlichkeit wieder auftreten wird.

Im Rahmen der operanten Konditionierung lässt sich die Lernbereitschaft des Pferdes grundsätzlich auf vier verschiedene Arten verstärken.

»**Positive Bestärkung**«: Man kann einem Verhalten etwas Angenehmes hinzufügen, wie Leckerli, Kraulen oder Entspannung. Wissenschaftlichen Studien zufolge bewirkt »positive Bestärkung« die höchste Lerneffektivität im Gehirn. Ein derart belegtes Verhalten wird das Pferd mit hoher Wahrscheinlichkeit wieder zeigen, weil es mit einem als angenehm empfundenen Gefühl verknüpft ist.

»**Negative Bestrafung**«: Man kann etwas Angenehmes wieder entfernen, zum Beispiel dem Pferd ein Entspannungsgefühl im Zusammensein entziehen, indem man weggeht. Diese Form der Verstärkung ist quasi der Gegenspieler zur positiven Belohnung, man nennt sie auch »negative Bestrafung«. Das Pferd wird idealerweise versuchen, über eine Verhaltensänderung den Zustand wieder herzustellen, in welchem es ein angenehmes Gefühl erfährt.

»**Positive Bestrafung**«: Man kann zur Verstärkung weiterhin etwas Unangenehmes hinzufügen, wie das Antippen des Pferdes mit der Gerte oder einen körpersprachlichen Druck, um dem Pferd ein bestimmtes Verhalten unbequem zu machen. Das nennt man auch eine »positive Bestrafung«, weil ein unangenehmes Gefühl »positiv« hinzugefügt wird, um ein bestimmtes Verhalten in Zukunft unwahrscheinlicher zu machen.

»**Negative Bestärkung**«: Man kann schließlich auch etwas Unangenehmes wieder wegnehmen, also einen physischen oder psychischen Druck abstellen, den man zuvor ausgeübt hat. Ein Beispiel hierfür wäre, den fokussierenden Blick zu senken, nachdem man damit körpersprachlich Druck aufgebaut hat. Das nennt man eine »negative Bestärkung«, weil etwas Unangenehmes weggenommen wird, was beim Pferd in einem nun wieder angenehmen Gefühl resultiert. Auch diese Bestärkungsform bewirkt somit eine hohe Lerneffektivität.

Die meisten Ansätze des Pferdetrainings arbeiten im Rahmen der operanten Konditionierung (Lernen durch Versuch und Irrtum/Lernen am Erfolg) mit allen vier verschiedenen Formen von Verstärkung. Entscheidend für die Effektivität und Pferdefreundlichkeit eines Trainingsansatzes ist dabei

- in welcher Ausgewogenheit die vier Formen von Verstärkung eingesetzt werden,
- in welcher Intensität und Dauer bzw. Angemessenheit die beiden Verstärkungsformen, die das Pferd als unangenehm empfindet, eingesetzt werden
- und wie häufig und effektiv das Pferd über die von ihm als angenehm empfundenen Formen von Verstärkung belohnt wird.

Damit kommen wir zum Faktor **Motivation.** Die Bereitschaft eines Pferdes, etwas Neues zu lernen, hängt grundlegend von seiner Motivation ab. Das Pferd ist motivierter, ein bestimmtes Verhalten zu ändern, wenn es seinen Zustand dadurch optimieren kann, es sich also für das Pferd »lohnt«, als wenn ihm dafür eine Bestrafung in Aussicht gestellt wird. Auf Strafe ohne das Aufzeigen von Lösungswegen reagieren Pferde mit Stress, und die Ausschüttung von Stresshormonen hemmt die Lernvorgänge im Gehirn. In einer Lernsituation, wie sonst auch, sollte solcher Stress vermieden werden.

Weiterhin wird das Pferd motivierter sein, wenn es das Gefühl hat, durch eigene Entscheidungen die Konsequenz seines Handelns beeinflussen zu können. Ist es aktiv an der Herstellung einer angenehmen Konsequenz seines Handelns beteiligt, wird es gerne mit uns zusammenarbeiten wollen. Für die Freiarbeit ist ein solches selbstmotiviertes Pferd unerlässlich.

Ein weiterer wichtiger Punkt im Zusammenhang mit der Motivation betrifft die **Konzentration.** Auch wenn das Pferd voll motiviert bei der Arbeit ist, sollten wir als Faustregel mit einem erwachsenen Pferd nicht länger als 20 Minuten am Stück konzentriert arbeiten. Spätestens dann braucht das Pferd eine Pause. Bei jungen Pferden ist die Konzentrationsfähigkeit sogar schon nach zehn Minuten erschöpft.

TIPP

Beobachte dein Pferd beim Training, dann wirst du feststellen, wann seine Konzentration nachlässt und es anfängt, Fehler zu machen. Dann hast du definitiv schon zu lange ohne Pause gearbeitet.
Es ist mittlerweile in zahlreichen Studien erwiesen, dass das bewusste Einsetzen von Entspannungsphasen zwischen Trainingseinheiten die Lernleistung mehr fördert, als ein häufiges und intensives Training. In den Pausen kann das Pferd das Gelernte besser verarbeiten und speichern. Das in der »Feinen Sprache« genutzte Belohnen mit gezielten Entspannungsphasen erfüllt einen doppelten Zweck: Es unterstützt die Verarbeitung des Gelernten und vertieft eure Beziehung.

Wirkungsvoll belohnen

Unter den vier verschiedenen Formen von Verstärkung, die wir im vergangenen Abschnitt kennengelernt haben, lassen sich sogenannte primäre und sekundäre Verstärker unterscheiden.

Primäre Verstärker sind angeborene Signale. Ein angenehmes Gefühl für das Pferd erzeugen Fressen, Fellpflege, Entspannung, Sozialkontakt, Spiel. Ein unangenehmes Gefühl erzeugen Schmerz oder Angst auslösende Signale, wie zum Beispiel etwas, das sich schnell bewegt und das Pferd an ein Raubtier erinnert.

Sekundäre Verstärker sind Signale, die das Pferd über klassische Konditionierung gelernt hat. Ein angenehmes Gefühl für das Pferd erzeugen z.B. die erlernten Verstärker verbales und körperliches Lob oder auch der Clicker. Ein unangenehmes Gefühl für das Pferd erzeugen die erlernten Verstärker Peitsche, Gerte, Sporen, bestimmte verbale Signale oder eine körpersprachliche Gestik, die Angst auslöst.

Wir hatten gesagt, dass eine positive Bestärkung, also etwas Angenehmes hinzuzufügen, im Rahmen der operanten Konditionierung die höchste Lerneffektivität bewirkt. Diese Bestärkung kann aus dem Bereich der angeborenen

Verstärker kommen, wie aus dem Bereich der erlernten Verstärker. Doch welche Form der Belohnung ist aus Sicht des Pferdes die wirksamste?

Stimmlob

Viele Reiter haben gelernt, ihr Pferd mit Stimme zu loben. Das Stimmlob ist ein sekundärer, also ein erlernter Verstärker.

Die Stimme ist nicht der primäre Sinneskanal des Pferdes. Pferde benutzen ihre Stimme zum Beispiel, wenn sie allein sind und einem anderen Pferd entgegenrufen. Oder wenn zwei Stuten sich begegnen und quietschen. Auch bei der Futtererwartungshaltung setzen Pferde ihre Stimme ein. Oder wenn der Hengst die Stute riecht. Wenn das Pferd seine Stimme benutzt, hat das also immer etwas mit positiver oder negativer Erregung zu tun. Erregung ist nicht der Lieblingszustand des Pferdes. Pferde möchten am liebsten entspannt auf der Wiese in einer langsamen Gangart Nahrung zu sich nehmen. Oder einfach nur dösen. Pferde lieben es, wenn nichts passiert.

Dennoch kann ein Stimmlob hilfreich sein. Wenn wir unsere Stimme einsetzen, sollten wir nur mit kurzen, klaren Worten loben (oder auch strafen). Das ist wichtig, damit das Wort heraussticht aus unserem täglichen Geplapper und das Pferd versteht: Ich bin jetzt gemeint.

Wichtig ist auch, den Tonfall des Lobwortes vom Tonfall eines Verbotswortes oder Handlungsunterbrechers abzusetzen. »Fein« und »Nein« klingen zu ähnlich, als dass das Pferd diese Worte klar unterscheiden könnte.

Futterlob

Sehr beliebt unter Pferdemenschen ist das Loben mit Leckerli. Als Futterbelohnung ist es ein angeborener Verstärker.

Wenn wir ein Futterlob einsetzen, sollten wir darauf achten, dass es gezielt innerhalb von ein bis zwei Sekunden nach der Handlung gegeben wird, die wir verstärken wollen. Auf keinen Fall sollten wir dem Pferd Futter »zur Beruhigung« geben (damit bestärken wir gerade das nervöse, unerwünschte Verhalten) oder »einfach so«.

Futterlob ist nicht nur die vom Pferd am besten verstandene Belohnung, sondern auch die gefährlichste, denn falsch eingesetzt kann man damit mehr Schaden als Nutzen bewirken. Im schlimmsten Fall erzieht man sich einen unerzogenen Taschenkriecher oder aggressiven Beißer.

Konditionierte Belohnung

Das Clickern erfreut sich unter Pferdemenschen zunehmender Popularität und stellt eine Sonderform der Belohnung dar. Der Clickton muss zuerst klassisch konditioniert werden und kann dann operant eingesetzt werden.

Mit dem Clicker kann man das Pferd sehr stark motivieren und ihm viele Dinge beibringen. Ein weiterer Vorteil ist, dass man das erwünschte Verhalten absolut punktgenau verstärken kann. Das Pferd wird unmittelbar bei Ertönen des Clicktons (sofern er richtig konditioniert wurde) in einen positiven Zustand von Futtererwartung gehen. Das dazugehörige Leckerli kann ich dann in aller Ruhe geben.

Die konditionierte Belohnung mit dem Clicker hat jedoch ihre Grenzen. Wenn das Pferd durch Angst oder Stress sehr erregt ist, ist es durch den Clickton nicht mehr ansprechbar. Auch wenn das Pferd bereits in einer Belohnungsform ist, weil es etwa auf der Wiese grast, wird es auf die konditionierte Belohnung nicht mehr reagieren. Du musst warten, bis dein Pferd wieder Lust auf Futter hat.

Auch ist nicht korrekt, dass das Clickern eine rein positive Bestärkung ist, wie oft behauptet wird. Das Prinzip des Clickerns ist ein Lernen durch Versuch und Irrtum, ähnlich des Kinderspiels Topfschlagen. Bis das Pferd herausgefunden hat, welches Verhalten wir von ihm erwarten und mit Click/Leckerli belohnen, ist es in einem Zustand »negativer Bestrafung« (in einem unangenehmen Gefühl von Frustration), da wir ihm ja das Leckerli einstweilen vorenthalten.

Bestechung

Das Pferd mit Futter zu bestechen ist ebenfalls eine Sonderform der Belohnung, die viele verwenden, wenn sie sich keinen anderen Rat mehr wissen. Gerade beim Verladen wird viel mit Bestechung gearbeitet. Der Futtereimer steht im Hänger und wir hoffen, dass das Futter so sehr lockt, dass das Pferd seine Abneigung überwindet und in den Hänger geht. Bestechung ist also so etwas wie eine im Voraus angebotene Belohnung.

Es spricht nichts dagegen, Bestechung gelegentlich einzusetzen, denn in einem Notfall sollten wir alles nutzen, was wirkt. Auf Dauer begeben wir uns mit der Bestechung jedoch in eine Position, in der uns das Pferd nicht mehr respektieren wird.

Körperliches Lob

Eine körperliche Zuwendung wie das Halsklopfen oder Stirnkraulen muss vom Pferd erst über die klassische Konditionierung erlernt werden, bevor es als Lob verstanden wird, ist also ein sekundärer Verstärker. Hier sollte uns allerdings bewusst sein, dass das Halsklopfen für das Pferd nur dann ein Lob ist, wenn es das in diesem Moment auch genießt. Auch werden viele Pferde nicht gern am Kopf angefasst. Das müssen wir respektieren und dürfen dem Pferd unser Stirnkraulen nicht aufzwingen, nur weil wir es loben wollen.

Das Kraulen von Mähnenkamm, Widerrist, Rücken und Kruppe ist dem Pferd aus der sozialen Fellpflege mit seinen Artgenossen bekannt und dient der Stärkung sozialer Bindungen sowie dem Stressabbau. Damit ist es ein angeborener, »primärer« Verstärker und wird vom Pferd sofort als Belohnung verstanden. Auch hier sollte das Pferd allerdings zum gegebenen Zeitpunkt dafür empfänglich sein, sonst wird es diese Handlung durch den Menschen nicht als Lob empfinden.

TIPP

Finde die Stellen, an denen dein Pferd am Liebsten gekrault wird. Nach einiger Zeit wird es dir vielleicht sogar von selbst zeigen, wo es jetzt gerne »bearbeitet« werden will. Dass du die richtige Stelle gefunden hast, wirst du daran erkennen, dass es Kopf und Hals genüsslich nach vorne reckt und eine »lange Nase« macht.

Entspannung

Über die wichtige Bedeutung von Entspannungsphasen im Pferdetraining hatten wir schon im letzten Abschnitt gesprochen. Entspannung ist für das Pferd ebenfalls ein angeborener Verstärker und aus Pferdesicht die tiefgehendste Belohnungsform. Warum? Das »ruhige Zusammensein« mit einem Artgenossen ist ein pferdetypisches Bindungsverhalten, das seinem Bedürfnis nach sozialem Kontakt und seiner Bereitschaft entspricht, einem anderen nachzufolgen und in seiner Nähe zu bleiben.

Gemeinsam mit seinem Pferd zu entspannen ist eine hocheffektive Belohnungsform. Im *Sozialverhalten des Pferdes* hatten wir gesehen, dass die Synchronisation von Verhaltensweisen innerhalb einer Herde sich über die sogenannte Stimmungsübertragung vollzieht und letztlich der Arterhaltung dient. Genau dieses Prinzip nutzen wir, wenn wir gemeinsam mit dem Pferd entspannen.

Es braucht einige Übung, um den eigenen Entspannungszustand bewusst wahrzunehmen und zu vertiefen. Das ist aufwendiger, als ein Leckerli aus der Tasche zu ziehen. Wie du da hinkommst kannst du in der *Praxis des Menschen* lesen.

Jede Belohnungsform hat ihre Stärken und ihre Grenzen. Aus Sicht des Pferdes ist das gemeinsame Entspannen die effektivste Form der Belohnung, da sie sich vor allem auch in schwierigen Situationen bewährt.

Je tiefer das Pferd verstanden hat, dass es sich beim Menschen entspannen kann, umso stärker wird das gemeinsame Band gerade in Situationen, die für das Pferd Stress bedeuten. Mehr dazu findest du in der *Praxis am Pferd* unter *Loben mit der Pause.*

Lernen durch »Feine Sprache«

Die »Feine Sprache« basiert, wie alle Trainingsansätze, hauptsächlich auf dem Lernen durch Versuch und Irrtum/ Lernen am Erfolg (operante Konditionierung), wobei dem Pferd ein erwünschtes Verhalten angenehm, ein unerwünschtes Verhalten unangenehm gemacht wird. Hier gibt es jedoch einige Besonderheiten:

Da alle in diesem Buch gezeigten Übungen letztlich als Vorbereitung für die Freiarbeit dienen, ist die Erzeugung und Erhaltung einer hohen Motivation des Pferdes von entscheidender Bedeutung. Nur ein Pferd, das im Zustand der Freude ist, wird frei mit mir spielen wollen.

Das Pferd wird ermutigt, in der gemeinsamen Arbeit seine eigenen Entscheidungen zu treffen. Es soll sogar Fehler machen, um an den Konsequenzen seines Verhaltens zu lernen.

Wir arbeiten darauf hin, alle Signale letztlich nur mit dem Körper zu geben, ohne Hilfsmittel wie Halfter, Strick, Gerte und Roundpen. Damit ist die Intensität des auf das Pferd ausgeübten Drucks äußerst gering.

Jeder kleinste Schritt in die richtige Richtung wird mit einer doppelten Verstärkung gelobt – der Pause. Beim *Loben mit der Pause* wird zum einen aller Anspruch vom Pferd abgezogen (Negative Bestärkung) und es wird zugleich mit einer gemeinsamen tiefen Entspannungsphase von Pferd und Mensch etwas Positives hinzugefügt (Positive Bestärkung). Das *Loben mit der Pause* vereint somit die beiden Belohnungsformen mit dem höchsten Lernerfolg. Das erklärt, warum die Pause in der »Feinen Sprache« von Pferden so schnell verstanden und umgesetzt wird und zu nachhaltigen Verhaltensänderungen führt.

Aus lerntheoretischer Sicht ist die »Feine Sprache« somit ein minimalinvasiver Ansatz, der mit maximaler Verstärkung arbeitet. Das macht sie zu einer hocheffektiven und zugleich äußerst pferdegerechten Lernform.

Je tiefer das Pferd verstanden hat, dass es sich beim Menschen entspannen kann, umso stärker wird das gemeinsame Band

IM GEIST
DES PFERDES

Be-ziehung vor Er-ziehung

Viele Menschen, zu denen ich komme, haben keine Beziehung zu ihrem Pferd. Es soll dies machen, es soll das machen. Und wenn das Pferd nicht tut, was sie von ihm erwarten, sind sie ärgerlich und frustriert. Zwischen Mensch und Pferd gibt es keine echte Verbindung, kein gegenseitiges »Sich-Fühlen«. Das existiert nicht. Solche Menschen sind von ihren Pferden immer irgendwie enttäuscht.

Wir können die Potenziale unseres Pferdes auf verschiedenen Ebenen entfalten. Eher in die Breite (Erziehung) oder mehr in die Tiefe (Beziehung). Oder beides zusammen.

Bei der Erziehung ist da immer ein Ansatz, den man verfolgt. »Erziehungsziele«, die ich mit bestimmten Mitteln erreichen will, wie das Pferd in einer bestimmten Weise auszubilden, es auf eine bestimmte reiterliche Prüfung vorzubereiten, ihm irgendwelche Tricks oder Kunststücke beizubringen. Für die Erziehung unseres Pferdes müssen wir uns selbst in der entsprechenden Richtung ausbilden und uns viele Fähigkeiten aneignen.

Mit Beziehung meine ich eigentlich bedingungslose Liebe. Nach dem Motto: Auch wenn du Mist machst, liebe ich dich. Du kannst und musst dir meine Liebe nicht verdienen, indem du irgendwas Besonderes für mich tust. Ich liebe dich einfach, weil du du bist.

Die Beziehung zum Pferd braucht eigentlich nur mich, das Pferd und den gegenwärtigen Moment. Sie ist einfach, wenn man sie einfach lässt.

Man könnte fragen, ob sich nicht die Erziehung über eine tiefe Beziehung ganz erübrigt. Das kommt darauf an, wie jemand das Verhältnis mit seinem Pferd gestalten, wie er das Miteinander leben will. Viele Leute wollen vor allem reiten oder auf Turniere gehen. Das braucht natürlich ein gewisses Maß an »Erziehung«. Andere finden ihre Erfüllung in der freien Kommunikation mit dem Pferd, im gemeinsamen Spiel und im wortlosen Zusammensein. Da liegt der Schwerpunkt mehr auf einer vertieften Beziehungsebene, aus der sich mit Hilfe von ein paar einfachen Übungen, wie wir sie in der *Praxis am Pferd* präsentieren, alles entwickeln lässt.

Wir dürfen uns Beziehung und Erziehung jedoch nicht als Gegensatzpaare vorstellen. Vielmehr ist die Beziehung immer die Basis aller Erziehung. Je besser die Beziehung, die Tiefendimension, umso mehr Dinge kann man in der Breite machen, wenn man das will. Und desto feiner werden die Mittel und Impulse sein können, mit denen ich das Pferd in eine bestimmte Richtung »erziehe«. Doch wie finde ich den Zugang zum Pferd, der mir erlaubt, eine echte Beziehung mit ihm zu entwickeln? Das wollen wir uns nun anschauen.

Der moderne Zweckverband von Mensch und Pferd

Der menschliche Zweckverband mit dem Pferd hat sich im letzten Jahrhundert vollkommen verändert. Von einem unverzichtbaren Partner in Fortbewegung, Landwirtschaft und Militär ist das Pferd heute in vielen Fällen zum Familienmitglied geworden oder soll unser bester Freund sein. Früher hat auf dem Land ein Pferd eine ganze Familie ernährt, heute ernährt eine ganze Familie ein Pferd, denn die größte Sparte der Reiterei ist nicht der Pferdesport, sondern gerade in Deutschland sind es die Freizeitpferde.

In diesem »neuen« Zweckverband tauchen jetzt auch zum ersten Mal Probleme auf, die es in der langen Geschichte von Pferd und Mensch, in der das Pferd dem Menschen immer in irgendeiner Form als Nutztier diente, nie zuvor gab. Als unser Familienmitglied neigen wir plötzlich dazu, das Pferd mit menschlichen Augen zu betrachten, ihm menschliche Gefühle, Bedürfnisse und Motive zu unterstellen – und zwar sowohl im Positiven wie im Negativen. Wer mal mit offenen Ohren durch einen Stallbetrieb läuft, hört Sätze wie: »Die mag ihre blaue Decke echt lieber als ihre rote«, aber auch »Der will dich doch nur verarschen«.

Oder wir fragen das Pferd ständig nach seiner Meinung, und uns ist nicht bewusst, dass wir es damit vollkommen überfordern. Irgendwann wird das Pferd wirklich zum »Entscheider« in unserer Beziehung, was ziemlich gefährlich werden kann, wenn es in einer bestimmten Situation zum Beispiel »entscheidet«, sich loszureißen und wegzulaufen.

Manche Leute kommen zu mir und wollen, dass ihr Pferd lernt, auf Kommando zu steigen. Dann sage ich: »Gut, ich kann das deinem Pferd beibringen. Aber ich will an dir erst mit meinem Pferd sehen, dass du dich nicht beeindruckt zeigst.« Wir lassen dann Amigo steigen, und wenn dieser Mensch auch nur einen Zentimeter zurückweicht, bringe ich seinem Pferd das Steigen nicht bei. Wenn das Pferd vor ihm steigt und der Besitzer fühlt auch nur einen Funken Furcht, geben wir dem Pferd ein Werkzeug in die Hand, seine Dominanz gegenüber diesem Menschen durch das Steigen auszudrücken. Und dann haben wir ein Problem.

Das Pferd meint das nicht in irgendeiner Weise »böse«, wenn es so agiert. Das kann einfach nur eine Erfahrung sein, die es mal gemacht hat: Wenn ich steige, dann weicht der. Es zieht seinen Nutzen aus dieser Lernerfahrung. Wir hatten in der *Lerntheorie* gesehen, dass es Pferden in erster Linie um die Optimierung des eigenen Zustands geht. Sie fragen sich immer: Nutzt es mir was oder nutzt es mir nichts? Nutzt es

mir was, werde ich es weiter machen. Das Pferd denkt nicht darüber nach, dass sein Verhalten den Menschen kränken oder ihn verletzen könnte. Wir unterstellen oft, dass ein Pferd uns uns körperlich oder emotional verletzen will. Das ist eine Projektion – in den allermeisten Fällen. Pferde, die aggressiv auf einen Menschen losgehen, um ihn bewusst zu verletzen, sind sehr selten.

Ein Pferd ist ein Pferd. Es denkt, fühlt und verhält sich wie ein Pferd. Je mehr wir dem Rechnung tragen, desto größer ist die Chance, dass wir eine echte Beziehung zueinander entwickeln. Wir müssen uns bemühen, seine Welt zu verstehen und auf dieser Basis mit ihm zu kommunizieren.

Die Kunst ist, eine gute Balance zu halten. Ganz so, wie es Pferde mit einem gesunden Sozialverhalten auch untereinander tun (wir hatten darüber schon im *Sozialverhalten des Pferdes* gesprochen): Es gibt Kooperation und es gibt Konfrontation, und zwar immer der aktuellen Situation angemessen. Dieses ungeheuer präzise Timing, das Pferde in ihrer Kommunikation untereinander haben, fehlt uns Menschen; wir können uns diesem Timing bestenfalls annähern. Unter Pferden ist das Ziel immer die Klärung eines Konflikts, um zu überleben. Oder um den eigenen Zustand zu optimieren, was die Überlebenschancen ebenfalls erhöht.

Anstatt zu versuchen, es in unsere emotionale und gedankliche Welt hineinzuziehen, können wir uns ruhig öfter mal fragen: Was hat in unserem Zweckverband eigentlich mein Pferd von mir? Dass ich es da kratze, wo es selbst nicht hinkommt? Im Sommer Bremsen von seinem Bauch verscheuche? Dass ich ihm immer wieder ein entspanntes Gefühl bei mir anbiete? Überhaupt, dass ich in seiner Gegenwart eine angenehme Ruhe ausstrahle? Und dass wir, anstatt immer nur zu »trainieren« und »arbeiten«, auch einfach mal zusammen spazieren oder grasen gehen? Oder gemeinsam dösen?

In unserem modernen Zweckverband mit dem Pferd sollten wir uns also bemühen, klar zu sein und uns von vermenschlichenden Sicht- und Verhaltensweisen befreien. Auf der anderen Seite können wir zum Pferd eine Verbindung herstellen, die wir in dieser wortlosen Tiefe zu vielen unserer Mitmenschen nicht haben. Das ist das Spektrum. Und darin bewegen wir uns jeden Tag aufs Neue, wenn wir unserem Pferd begegnen. Die Basis, die es zu erschaffen gilt, ist also eine tragfähige Beziehung. Dann können wir anstehende Fragen und Probleme miteinander klären. Und zwar immer zu Gunsten beider – von Mensch und Pferd. So dass beide dem neuen Zweckverband zustimmen können.

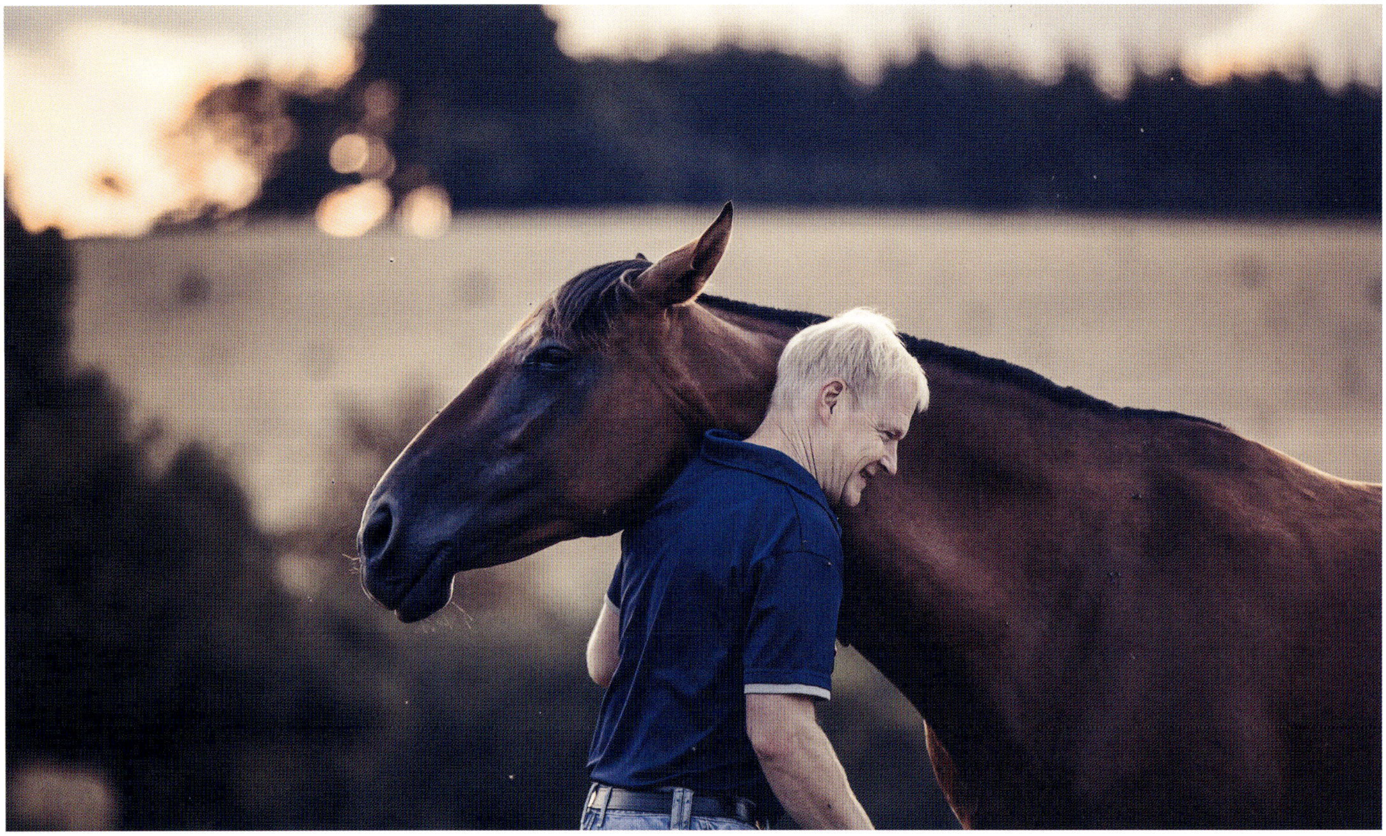

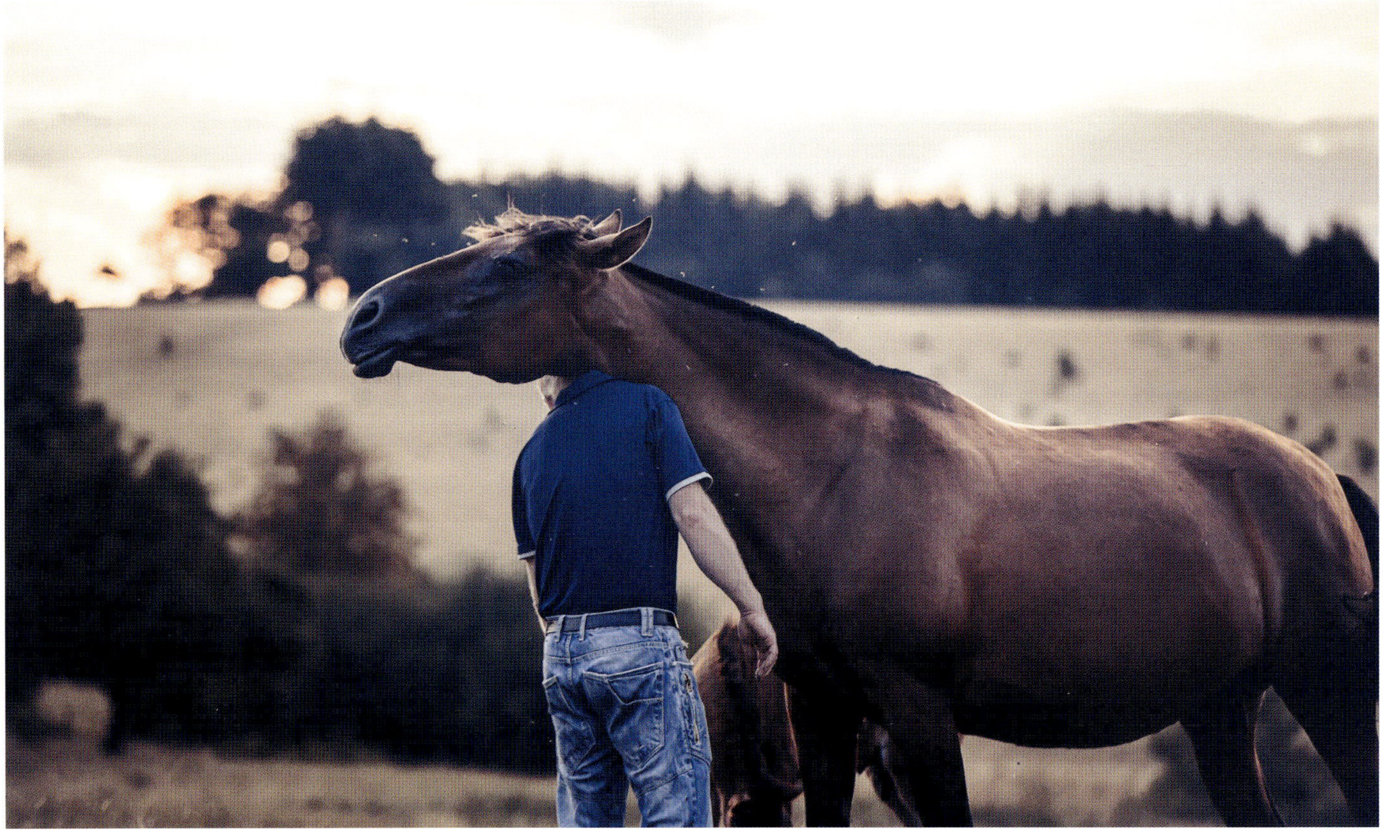

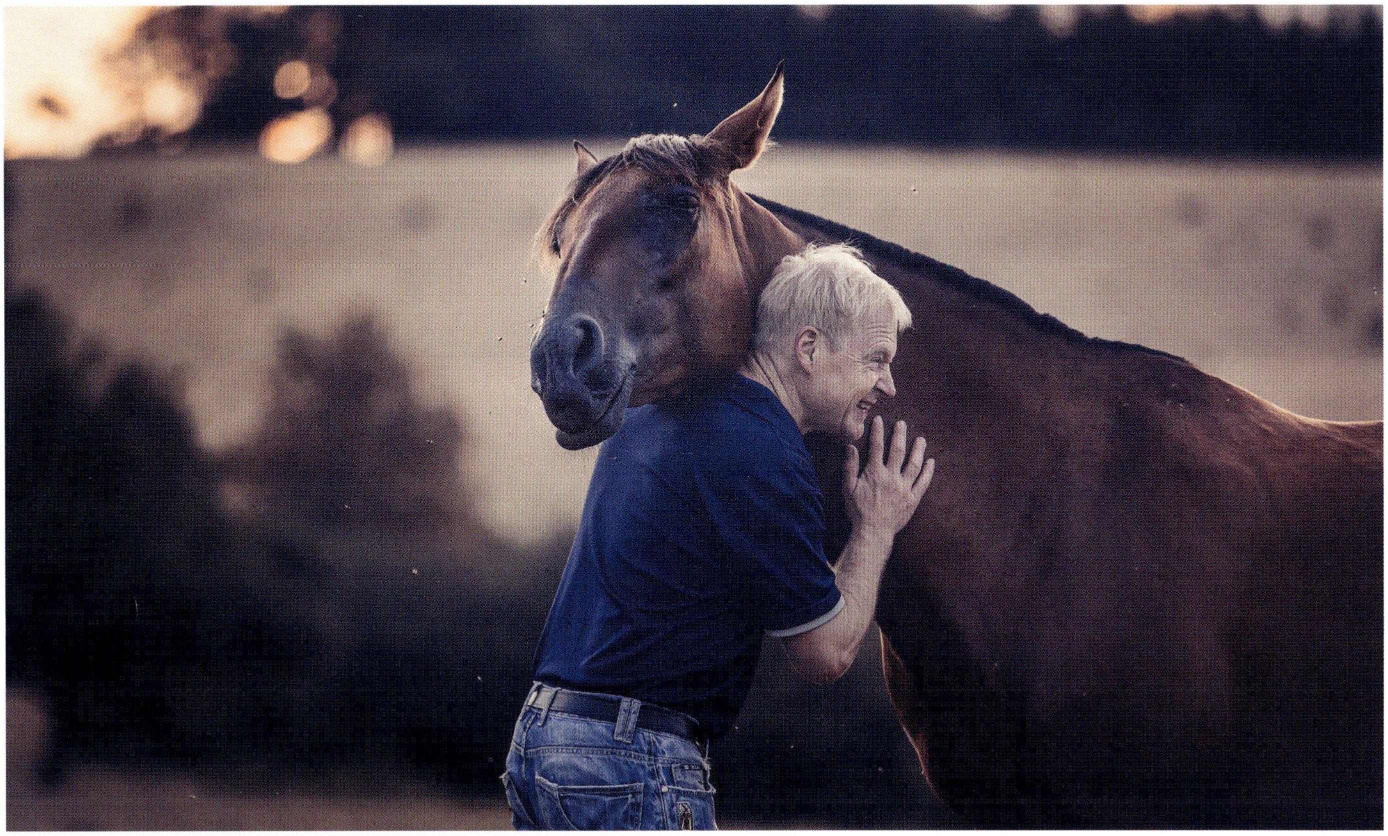

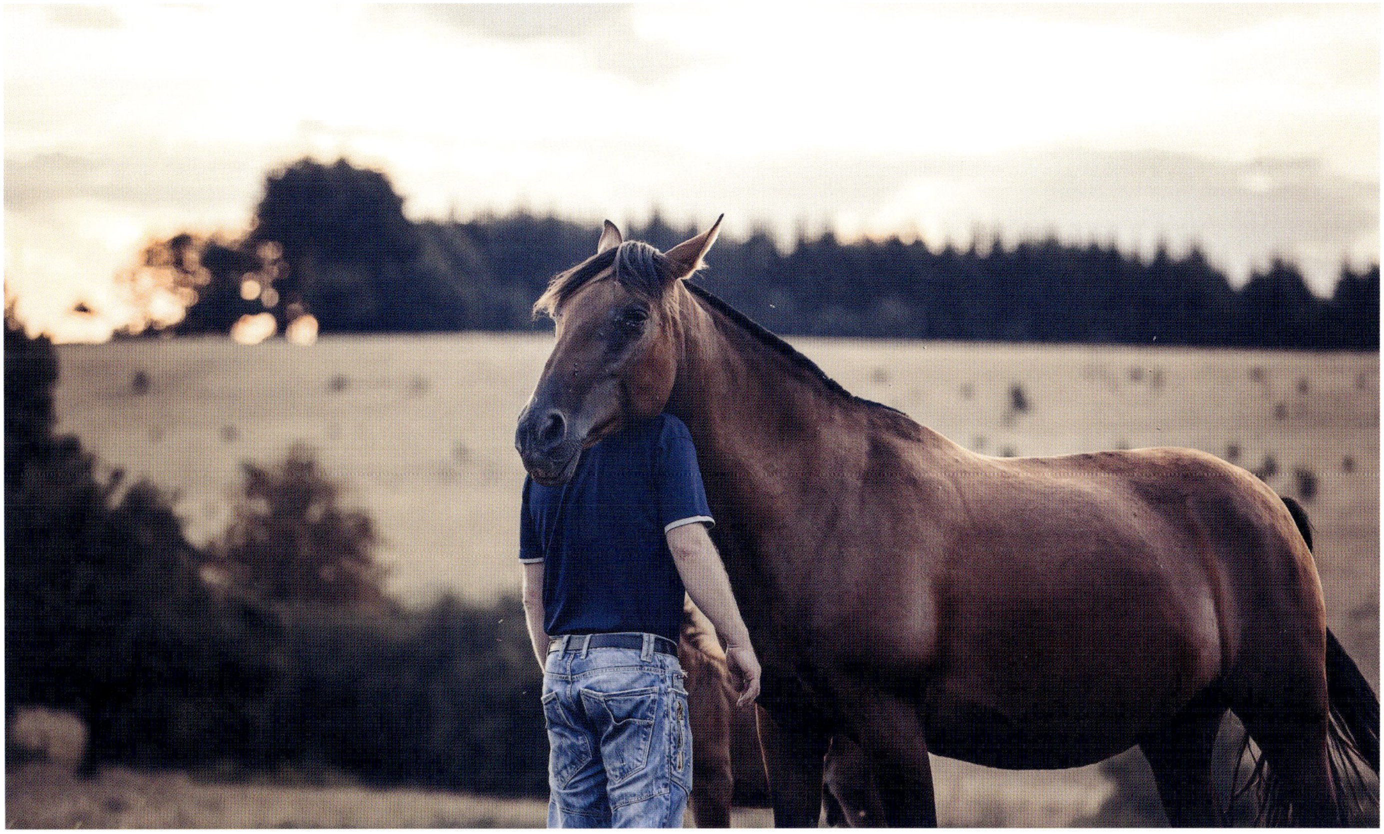

Echten Zugang finden

»Wir kommen morgens um halb sechs auf die Weiden des Andalusier-gestüts Smirr, haben die Herde in einer Senke entdeckt. Die ersten, die uns wahrnehmen, sind die Fohlen. Die Stuten haben die Köpfe noch im Gras, beobachten uns aber trotzdem. Die Fohlen dagegen recken ihre kurzen Hälse neugierig hoch. Unsere Fotografin Nicoletta nähert sich mit ihrer Kamera und dem langen Objektiv der Herde und hockt sich schließlich auf den Boden. Eine Stute, die zweite, die dritte heben nun auch die Köpfe und kommen vorsichtig auf sie zu. Jetzt ist die ganze Herde auf uns fokussiert, kommt näher. Plötzlich eine Bewegung. Dejado, der junge Hengst dieser Herde, kommt von hinten heran, geht langsam an seinen Stuten vorbei, die Stuten weichen. Er geht zu Stefan herüber, schnuppert ihn kurz ab, sie stehen Kopf an Kopf. Dann lässt er sich von ihm kraulen. Die Stuten grasen wieder in Ruhe weiter.«

Jedes Mal, wenn wir unserem Pferd begegnen, müssen wir einen echten Zugang zu ihm finden. Immer wieder neu. Dazu muss das Pferd bei uns andocken und wir beim Pferd. Dann erst sind wir an dem Punkt, wo der Raum sich öffnet und wo alles möglich ist. Wie geschieht dieses Andocken? Schauen wir uns erstmal an, wie es unter Pferden abläuft.

Das Ritual sehen wir jedes Mal, wenn sich zwei Pferde begegnen, egal ob sie sich kennen oder nicht. Ein genetisch fixiertes Programm, das genauso ablaufen muss: zuerst das tiefe gegenseitige Abschnobern mit den Nüstern, die nasonale Begegnung. Dann gibt es vielleicht einen Schubs mit der Nase und ein Quietschen. Erstmal ist das ganz fein. Oft bewegt sich dann schon einer minimal. Wenn nicht, wird posiert, dann kommt auch der Vorderhuf mal raus. Oder die beiden schnobern sich nochmal in der Bauchgegend ab. Wieder Schubsen und Quietschen. Bis schließlich einer weicht.

Bei all dem stellen die Pferde fest: Wie arrangieren wir zwei uns jetzt eigentlich? Damit wir beide überleben, wenn es drauf ankommt. Das ist der Grundgedanke der Natur. Dass zwei, die sich begegnen, gleich in eine Herdenfunktion übergehen können. Deswegen prüfen sie das jedes Mal am Anfang eingehend, wer denn nun wen bewegen kann.

Genau das mache ich auch mit dem Pferd. Jedes Mal, wenn wir uns neu begegnen. Das Andocken besteht von meiner Seite erstmal darin, mich zu fühlen, das Pferd zu fühlen und das Pferd mich fühlen zu lassen. Eigentlich ganz einfach. Ich komme zum Pferd und sage ihm: Wir fühlen uns jetzt zusammen wohl. Punkt. Ich biete dem Pferd gleich meine Ruhe an. Durch die Stimmungsübertragung, wovon die Pferde ja leben, klinkt sich das Pferd in der Regel sofort da ein. Der Zugang ist offen.

Dann sage ich: Bewegst du dich? Wenn meine Nase kommt, muss deine weggehen. Machst du das? Wenn nicht, werde ich es von dir verlangen. Ein Nachgeben von ein, zwei Zentimetern reicht mir. Wir beide, das Pferd und ich, sind dann auf einer Ebene. In einem Gefühl, das sich für beide gut anfühlt, weil jeder weiß, wo er steht. Einer Ebene, wo das Pferd zum Lernen bereit ist. Wo die Beziehung sich beständig vertieft. Die innere Verbindung und Vertiefung versteht sich allein durch das Einander-Fühlen. Das ist der Schlüssel.

Vordergründig scheint das Einander-Fühlen der »Feinen Sprache« in den Pausen zu geschehen. Wenn ich das Pferd mit der Pause lobe, es also nicht mehr ansehe, anspreche, berühre, es meine innere Ruhe wahrnehmen lasse, sage ich ihm: »Bei mir kannst du entspannen. Du kannst einfach nur das tun, was du am liebsten machst.«

Als Fluchttier ist das Pferd immer froh, wenn es in einem sicheren Umfeld entspannen und seinen Bedürfnissen nachgehen kann. Die da wären: Fressen, Sozialkontakt. Oder einfach dösen. Was bewirkt dieses Angebot meiner Ruhe beim Pferd? Vor allem, wenn ich es zum ersten Mal mit einem Pferd mache? Als eine für dieses Pferd ganz neue Form der Beziehungsaufnahme mit dem Menschen? Wir hatten im *Sozialverhalten des Pferdes* schon darüber gesprochen, dass Stimmungsübertragung das größte Werkzeug innerhalb der Herde ist. Es ist ein Werkzeug, das die Herde benutzt, um zu überleben. Eine überlebenswichtige Nachricht wird in einem Moment in den ganzen Verband übertragen. Auch andere Nachrichten werden so übertragen. Wenn einer sich wälzt, sieht man plötzlich, wie sich nach und nach ein Pferd nach dem anderen hinlegt.

Biete ich dem Pferd also meine innere Ruhe an, kann man es ihm schon förmlich ansehen, dass es denkt: »Ach ich muss hier jetzt nicht irgendwas tun. Ich muss mich nicht auf irgendeine Weise bewegen. Ich kann mich entspannen.« Und das dankbar annimmt, weil es seinem genetischen Programm entspricht. Die Pause, so wie wir sie hier verstehen und umsetzen, wird dir in diesem Buch immer wieder begegnen. Weil sie so wichtig ist. Weil das tiefe Zusammensein in Stille die Momente sind, in denen Beziehung wächst.

Doch das Einander-Fühlen findet nicht nur in den Pausen statt. Schließlich ist es ja der Treibstoff für den Motor Beziehung. Ich versuche, aus dem gegenseitigen Fühlen niemals rauszukommen. Auch wenn ich dem Pferd eine Aufgabe gebe, zum Beispiel auf das sanfte Antippen seiner Schulter einen

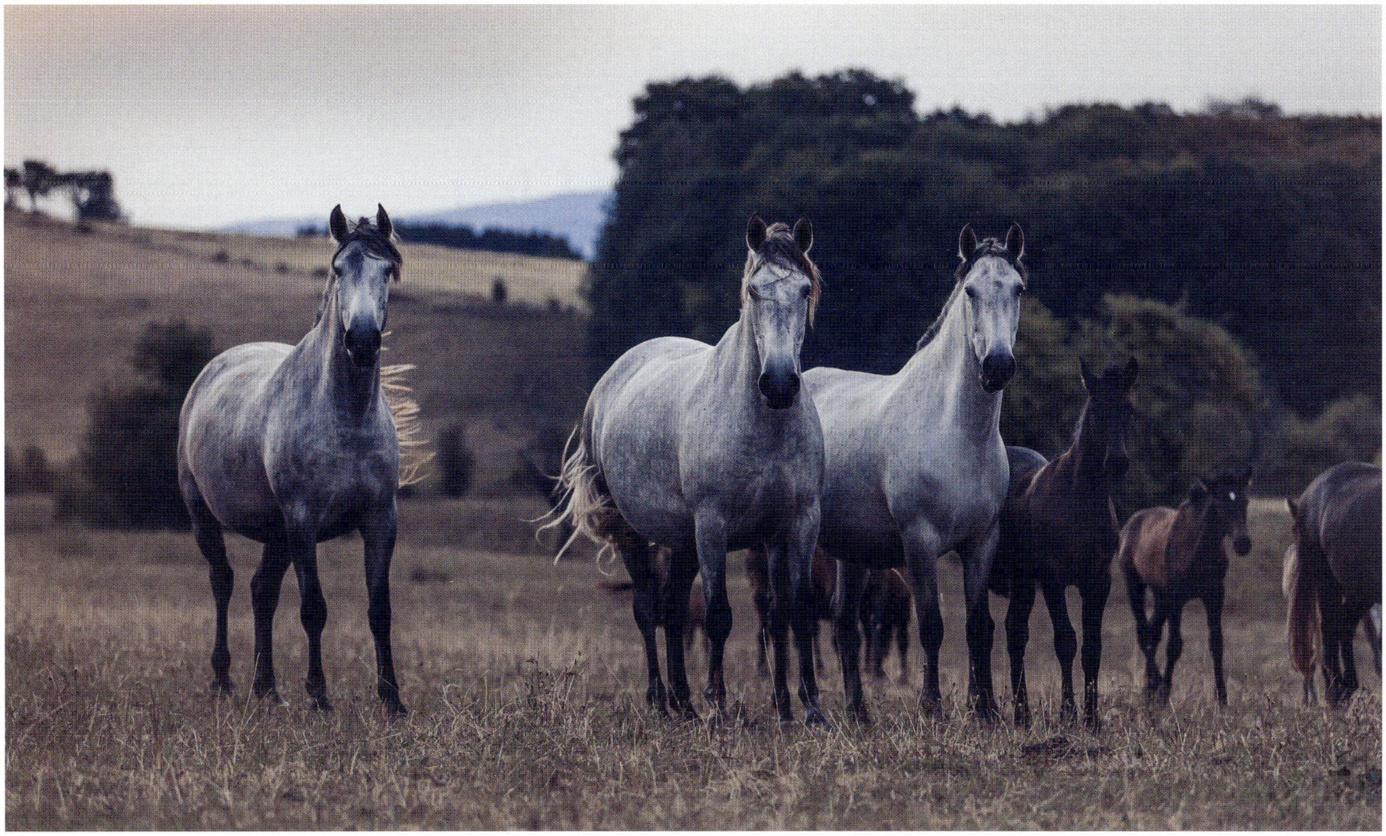

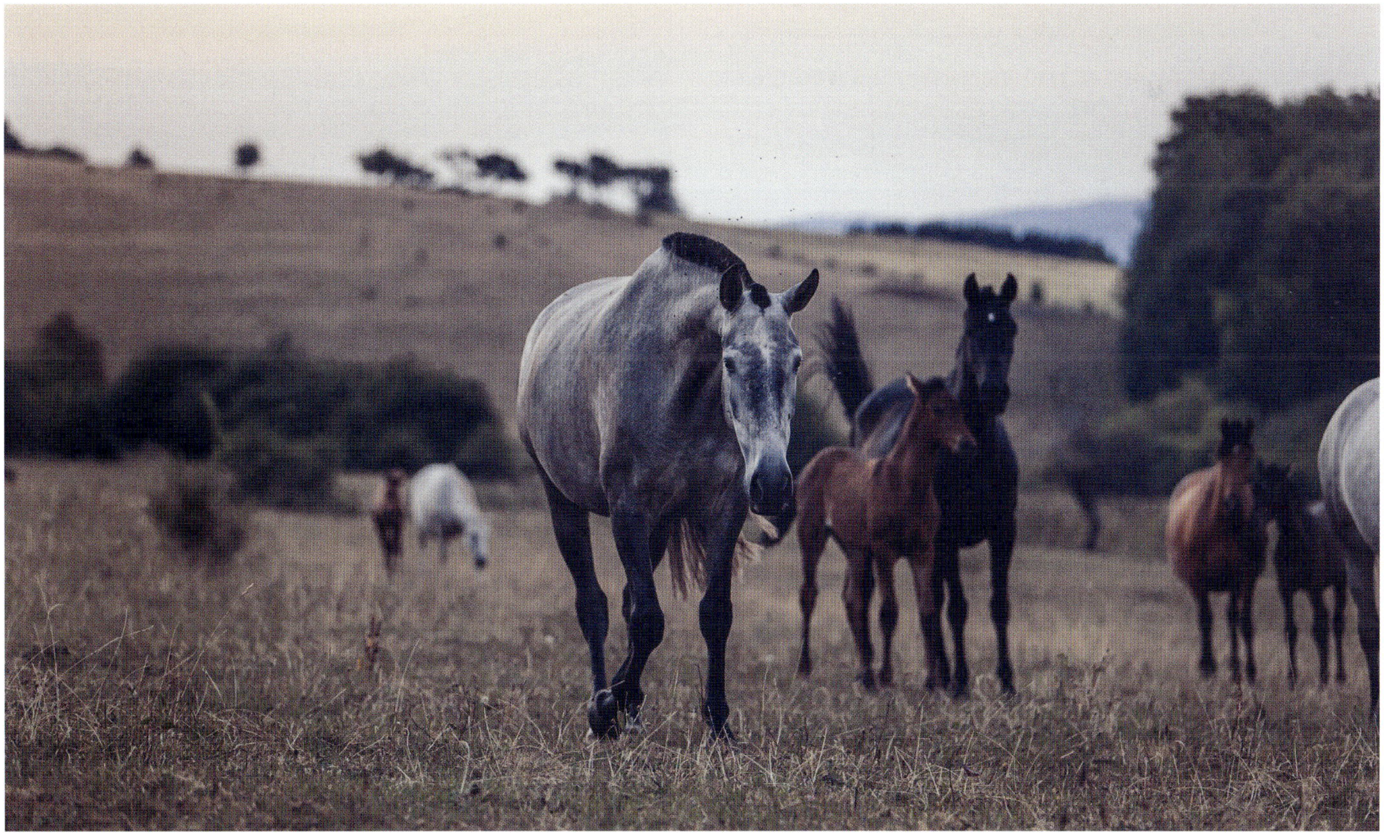

Schritt nach vorne zu treten (Genaueres dazu findest du unter der Komm-zu-mir-Übung in der *Praxis am Pferd*). Wenn das Pferd diese Übung noch nicht kennt, fragt es sich vielleicht: Was will der Stefan jetzt von mir? Was will mir dieses Antippen sagen? Soll ich zur Seite treten? Oder vielleicht vorwärts?

Das Pferd soll anfangen, sein Gehirn zu benutzen, über Versuch und Irrtum herauszufinden, was ich von ihm will (das ist operante Konditionierung, die wir schon in der *Lerntheorie* erklärt hatten). In all dem bleibe ich mit ihm fühlend verbunden, das ist der feine Unterschied! Ich bewege mich innerlich nicht raus aus dem gemeinsamen Raum unseres Einander-Fühlens. Dann merke ich auch, ob meine kleine Denkaufgabe für das Pferd zu schwierig ist. In dem Fall liegt es an mir, nochmal einen Schritt zurückzugehen, die Aufgabe etwas einfacher anzubieten oder meinem Pferd eine Hilfestellung zu geben. Indem ich es zum Beispiel mit dem Halfterstrick dabei unterstütze, auf mich zuzukommen.

Auch wenn ich dem Pferd also Aufgaben gebe und sage: »Jetzt finde mal selber die Lösung«, verlasse ich nicht unseren gemeinsamen Beziehungsraum. Nochmal: Sich gegenseitig zu fühlen ist der Treibstoff für den Motor Beziehung. Wenn das Pferd in unserem Beispiel dann wirklich auf mein Antippen einen kleinen Schritt auf mich zumacht, oder auch nur das Gewicht etwas in meine Richtung verlagert, lobe ich sofort mit der Pause. Ziehe alle Ansprüche vom Pferd ab, wende den Blick zu Boden und gehe noch tiefer in meine Ruhe hinein. Das ist für das Pferd das Schönste, in tiefem gemeinsamem Fühlen verbunden zu sein. Daher ist die Pause auch immer eine Beziehungsvertiefung.

Natürlich gibt es auch mal einen Knackpunkt, und der Zugang zum Pferd ist plötzlich weg. Der Faden reißt, weil das Pferd sich ausklinkt aus unserem gemeinsam gefühlten Raum. Das passiert zum Beispiel, wenn eine Aufgabe für das Pferd zu kompliziert wird oder einfach nur zu unbequem. Das Pferd wird sich daraufhin aus unserer Verbindung abnabeln, was ja sein gutes Recht ist. An dem Abnabeln erkenne ich, als derjenige, der die Beziehung wünscht, dass ich einen Fehler gemacht habe. Ich muss den Grund erspüren: Warum sind wir so weit gekommen? Habe ich zu viel Energie hineingegeben, die sich dann nicht kanalisieren konnte? War es ein Fluchtinstinkt? Oder hat das Pferd sich entzogen, weil es einfach nicht verstanden hat, was ich von ihm will (was immer heißt: weil ich es ihm schlecht erklärt habe)?

Dann bauen wir die Beziehung wieder auf. Ich gehe tief in meine Ruhe, biete sie dem Pferd an. Das Pferd nimmt sie. Es bleibt ein Miteinander. Besteht man zu viel darauf, im-

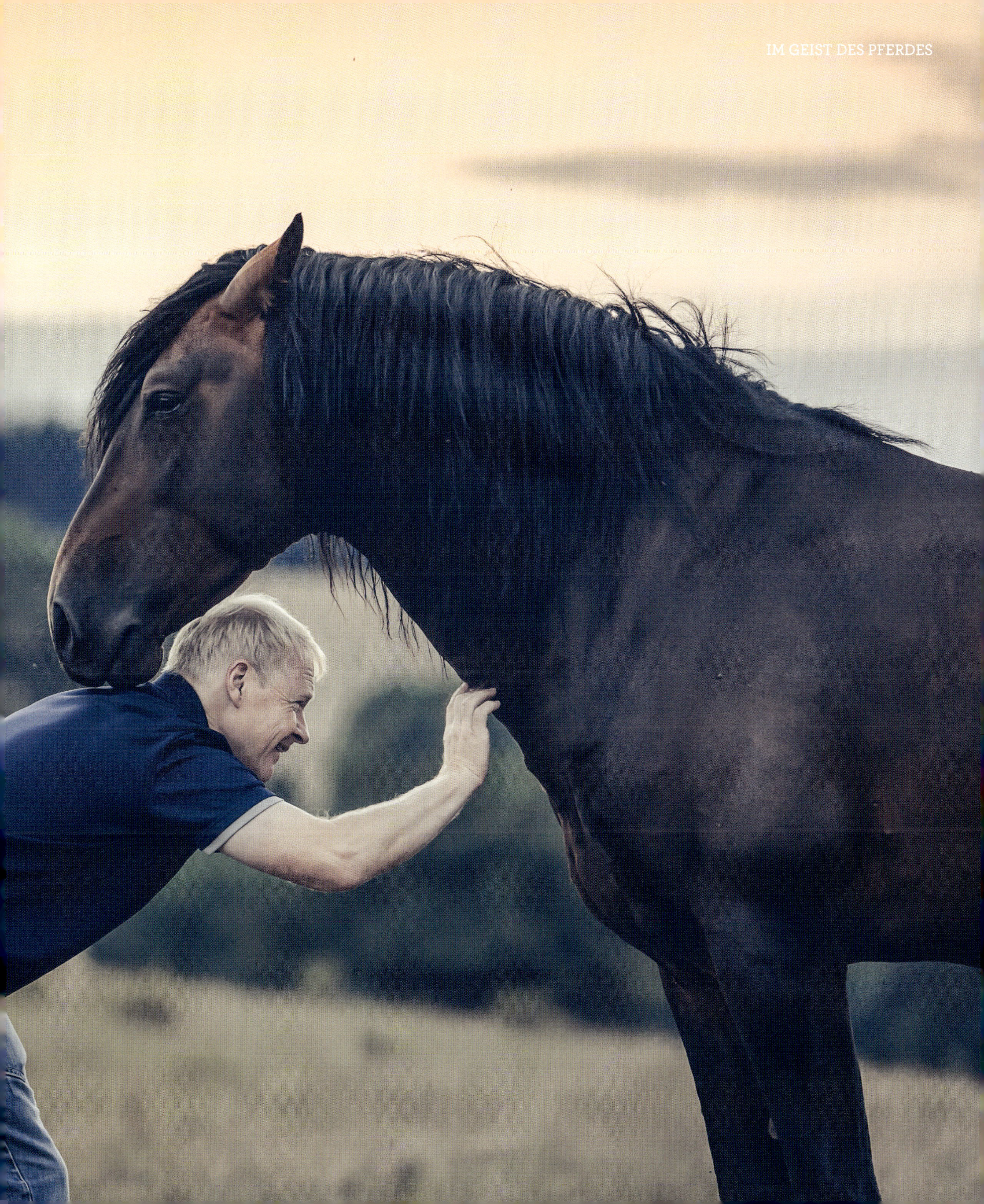

mer nur der Bestimmer zu sein, klinkt das Pferd sich wieder aus. Es kann keinen Nutzen daraus ziehen, nur rumgebosst zu werden, und mag darum nicht mit uns lernen. Denn um seinen eigenen Zustand zu optimieren fragt es ja immer: Was habe ich von dir?

Für mich ist es eher wie ein Tanz, wo mal der eine führt, mal der andere. Ein fließendes Hin und Her, nur so können wir später in der Freiarbeit überhaupt miteinander kommunizieren und agieren. Es gilt, die innere und äußere Bewegung des anderen zu erspüren und mitzugehen. Aber das geht nur übers Fühlen. Sich fühlen, das Pferd fühlen, sich vom Pferd fühlen lassen. Das gibt dieses Zusammenspiel, wo auch der Zuschauer denkt, es ist ein Organismus. So verbunden, kannst du an einem gewissen Punkt wirklich spüren: Wir sind jetzt eins.

Da sind wir dann eigentlich auch schon angekommen. Nicht, dass das schon alles wäre, man kann aus der tiefen gegenseitigen Verbundenheit heraus ganz viel entwickeln. Aber eigentlich ist dieses gemeinsame Gefühl von Verbindung und Kommunikation das, worum es geht. Dass es hier nicht mehr um »Machen müssen« oder »Erreichen wollen« geht, ist für viele Menschen, die sich auf den Weg der

»Feinen Sprache« begeben, am schwierigsten zu verstehen. Wir sind in unserem ganzen Leben so darauf ausgerichtet (und manchmal denke ich auch: abgerichtet), bestimmte äußere Ziele zu erreichen. Oder ein bestimmtes Programm abzuspulen. Etwas zu »tun«, dass wir darüber ganz das »Sein« vergessen. Den inneren Kontakt zu uns selbst und den Menschen und Tieren um uns herum vollkommen aus den Augen verlieren. Wo das doch das Eigentliche ist. Ich sage deshalb immer: Das Wichtigste an einer Übung ist nicht, wie sie gelaufen ist, sondern wie ihr euch dabei zusammen gefühlt habt, du und dein Pferd.

Wir müssen die Verbundenheit nicht suchen, sie findet uns. Öffnet sich plötzlich, wenn wir mit innerer Ruhe am Pferd stehen. Und dann sind wir da. Mehr geht nicht. Das Ziel steht hier also am Anfang. (Und in der Mitte. Und am Ende.) Genau in diesen ersten Momenten, wo wir Kontakt aufnehmen, sind wir eigentlich schon da. Wir haben es nur nicht gemerkt. Wir glauben immer, wir würden irgendwann einmal da hinkommen. Oder wir müssten irgendetwas machen, damit wir da hinkommen. Und dann sind wir plötzlich da. In diesem Erkennen, Wahrnehmen, Spüren, wie sich das anfühlt, wenn das Pferd ganz mit uns verbunden ist.

Wenn Leute mich nach dem ersten Kurs fragen: »Wie geht es denn jetzt weiter?«, antworte ich immer: »Es geht nicht weiter. Es geht tiefer.«

Einerseits ist es der Weg des Menschen, immer tiefer und beständiger in seiner inneren Ruhe zu verweilen und sich durch nichts da rausbringen lassen.

Andererseits können wir, wenn Stress auftaucht, erkennen: Wie stabil ist die Beziehung zu meinem Pferd denn jetzt? Genau deswegen suchen wir Stresssituationen sogar bewusst auf, um immer wieder dem Pferd zu sagen: Klar hast du Angst vor dem Ding oder vor der Situation. Aber du kannst lernen, das mit mir zusammenzumachen. Das schweißt uns zusammen und vertieft nochmal die Beziehung. In der *Praxis am Pferd* findest du viele Übungen, wo wir bewusst mit äußeren Stressoren wie Planen, Hänger oder Wasser arbeiten.

Wenn wir immer nur versuchen, Stress zu vermeiden, und Situationen, die für unser Pferd schwierig sind, nie angehen, werden sie uns irgendwann einholen. Dann zeigen sich die Probleme, die wir durch jahrelange Vermeidungstaktik umschiffen wollten, umso größer. Aber was noch viel schlimmer ist: Wenn wir bestimmte Situationen ausklammern, stagniert unsere Beziehung. Wir bleiben an der Oberfläche, weil wir eigentlich dem Pferd kommunizieren: Ich traue unserem Band nicht zu, dass es das aushält. Ich vertraue dir bis zu einem gewissen Punkt, aber nicht darüber hinaus. Und du kannst mir nicht vertrauen, dass du bis zum Letzten bei mir sicher bist.

Unter diesen Voraussetzungen kann sich keine tiefe Beziehung zwischen euch entwickeln. Ich will dich damit nicht ermutigen, dich unüberlegt irgendwelchen unkontrollierbaren Situationen auszusetzen. Ganz im Gegenteil. Ich will dich ermutigen, einen Weg zu gehen, auf dem das gegenseitige Vertrauen Schritt für Schritt wächst. Weil die gegenseitige Beziehung immer tiefer wird.

Irgendwann bist du an dem Punkt, wo das Pferd sagt: »Wenn ich etwas nicht verstehe, dann halte ich mich besser an meinen Menschen, der scheinbar mehr Ahnung davon hat; ich bleibe bei ihm und drehe nicht um und laufe weg. Ich will, dass der Mensch bei mir bleibt und wir das zusammen lösen oder auch vermeiden können, noch mehr in Gefahr zu kommen.«

Wenn das Pferd *uns* für die Lösung seines Problems aufsucht, sind wir wieder in diesem Gefühl von Verbundenheit.

Nur tiefer. Eigentlich ist es ein Weg, auf dem wir immer wieder neu ankommen. Die Beziehung vertieft sich kontinuierlich, wenn wir diesen Weg zusammen gehen. Siehst du nun, was gemeint ist, wenn wir sagen: Die innere Verbindung und Vertiefung versteht sich allein durch das Einander-Fühlen.

Eigentlich könnte das Buch jetzt hier zu Ende sein. Alles ist gesagt, der Rest ist Erfahrung. Oder? Die Beziehung zum Pferd ist ganz einfach, wenn wir sie einfach lassen. Auch so ein Satz, den du immer wieder von mir hören wirst.

Die Einfachheit ist ein Weg. Jeder kann ihn mit etwas Übung gehen (mehr dazu, wie und warum du diesen Weg gehen kannst, erfährst du in der *Praxis des Menschen*). Doch leider lassen wir es nicht einfach, haben die Tendenz, Dinge unnötig zu komplizieren. Wir Menschen tragen in der Regel unglaublich viele Gefühle und Gedanken mit uns herum, die meisten davon auch noch ziemlich chaotisch. Das ist nicht unsere Schuld. Jedenfalls nicht, solange wir es nicht besser wissen. Doch viele Pferde übernehmen diese chaotischen Vibrationen von uns, und das zeigt sich dann in ihrem Verhalten. Wir können eben nicht nur Ruhe aufs Pferd übertragen.

Das Pferd als Spiegel des Menschen

Wir hatten im *Sozialverhalten des Pferdes* gesehen, dass innerhalb einer Herde bestimmte Bewegungen und Verhaltensweisen wie Gähnen, Dösen, Spielen oder Wälzen durch Stimmungsübertragung synchronisiert werden. Stimmungsübertragung erlaubt dem Pferd auch, Absichten und Gefühle seines Gegenübers aufzunehmen, einfach weil es für ein wehrloses Fluchttier überlebenswichtig sein kann, den anderen in Sekundenbruchteilen einzuschätzen: Fühlst du dich wie ein Jäger an? Oder kann ich bei dir entspannen? Bin ich bei dir sicher?

Dieses »Spiegeln« des Pferdes (das Aufnehmen der Gefühle eines Sozialpartners geschieht tatsächlich durch sogenannte »Spiegelneuronen«) funktioniert in jede Richtung und mit jeder Botschaft:

Entspannt sich der Mensch, entspannt sich das Pferd. Diese Richtung und Botschaft der Stimmungsübertragung reduziert Stress im Pferd und bewirkt, dass es gerne mit uns zusammen ist. Das machen wir uns unter anderem im *Loben mit der Pause* zunutze, wenn wir dem Pferd unsere innere Ruhe anbieten. Mehr dazu findest du in der *Praxis am Pferd*.

Entspannt sich das Pferd, entspannt sich der Mensch. Ob ein Pferd sich durch uns aus seiner Ruhe bringen lässt oder nicht, ist vor allem eine Mentalitätsfrage. Manche Pferde beruhigen sogar den Menschen. Wir können das entspannte Zusammensein mit dem Pferd auch ganz bewusst für uns nutzen. Wenn es mir persönlich aus irgendeinem Grund nicht so gut geht, gehe ich zu meinen Pferden. Bin einfach still mit ihnen zusammen und tue, was ich tue. Das hilft mir sofort, wieder in meine Ruhe zu kommen.

Die nächste Variante des »Spiegelns« heißt: Ist der Mensch gestresst, gerät auch das Pferd unter Stress. Es gibt zwar auch Pferde, die unser inneres Chaos nicht übernehmen, denen es egal ist, wie der Mensch sich fühlt. Aber die meisten Pferde übernehmen durch Stimmungsübertragung sofort unseren Stress. Wir haben einen großen Einfluss auf unsere Beziehung, wenn wir die Chance wahrnehmen, dem Pferd statt Stress innere Ruhe anzubieten.

Und schließlich: Wenn das Pferd Stress hat, bekommt der Mensch (meistens) auch Stress. Das ist ganz normal. Das Pferd steigt vor dir und du bist zwei, drei Sekunden geschockt: »Was soll ich jetzt machen?« Das reicht. Damit springt die Stimmung um. Wenn so etwas passiert, solltest du versuchen, dich nicht in die Unruhe im Umfeld reinziehen zu lassen. Es braucht allerdings Übung, sich in Gegenwart eines hochgestressten Pferdes innerlich zu sammeln und in dieser Ruhe auch zu bleiben, egal was das Pferd tut.

In meinen Kursen gibt es öfter die Situation, dass ich an den Reaktionen des Pferdes deutlich sehen kann, dass es seiner Besitzerin gerade nicht gut geht. Wenn ich das Pferd übernehme und mit ihm arbeite, beruhigt es sich sofort, aber wenn seine Besitzerin die Übung macht, ist das Pferd total gestresst. Manchmal erfahre ich im Nachhinein oder durch Dritte, dass es für diesen Menschen im Moment eine schwierige Lebenssituation gibt, wie eine Trennung. Ich denke an einen Fall, da wusste die Betreffende noch nicht mal, ob sie nach ihrer Scheidung das Pferd würde behalten können. Kein Wunder, dass das Pferd ihre Gefühle übernommen und so gestresst reagiert hat.

Eine andere Kundin in einem Einzeltermin konnte ihr Pferd nicht mehr fangen, und als sie mir die Situation geschildert hatte (»Ich versteh das nicht, bei meinem Mann lässt er sich fangen, nur bei mir haut der ab«), habe ich irgendwie gespürt: Da ist noch etwas, wusste aber nicht, was. Ich habe gefragt: »Ist jemand auf der Weide dazugekommen? Ist jemand von der Weide weggekommen? Hat sich irgendwas im Umfeld verändert, dass das Pferd jetzt plötzlich so

reagiert?« Wir haben nichts gefunden. Plötzlich sagte sie: »Im Moment ist eh alles Mist, denn ich muss mich um die Beerdigung meiner Mutter kümmern, und meine Geschwister machen gar nichts.« Ich dachte: »Da haben wir's.« Und sagte zu ihr: »Kümmere dich darum und lasse das Pferd solange in Ruhe.« Sie ist meinem Rat gefolgt. Als diese Wogen geglättet waren, ließ sich das Pferd wieder problemlos von ihr einfangen.

Du kannst Pferde emotional nicht belügen. Japanische Forscher haben herausgefunden, dass Pferde verschiedene Informationsquellen gleichzeitig nutzen, um die Gefühle eines Menschen zu entschlüsseln, also neben dem Klang der Stimme auch den Gesichtsausdruck und die Körperhaltung. Passen Gesichtsausdruck und Stimme nicht zusammen, weil der Mensch etwa versucht, seine wahren Gefühle zu überdecken, bringen Pferde die widersprüchlichen Informationen aus Gesicht und Stimme sogar in Verbindung, um die echte Gefühlslage des Menschen zu deuten. Bislang war eine derartige Fähigkeit nur von Hunden bekannt. Dabei irritiert es das Pferd besonders stark, wenn sich ein vertrauter Mensch, den es eigentlich gut einschätzen kann, plötzlich widersprüchlich verhält. Verwundert es da, dass ein derart verwirrtes Pferd zeitweise auch ein für den Besitzer verwirrendes Verhalten zeigt?

Die Zuschauer bei meinen Kursen sehen das in der Regel viel klarer als der Betroffene selbst, wie unterschiedlich das Pferd innerhalb von Sekunden bei unterschiedlichen Menschen reagiert. Mit etwas Erfahrung kann man auch noch feinere Dinge am Pferd spüren und ablesen. Mittlerweile kann ich sagen: »Ich kenne Pferde gut, aber noch besser kenne ich Menschen.« Das Pferd zeigt mir sehr genau, wo der Mensch an sich arbeiten sollte.

Das Pferd ist immer das geringere Problem. Das ist dem Besitzer nicht einfach zu vermitteln, denn es ist ja auch ein Stück weit eine Entlastung, wenn die Ursache der Probleme beim »Anderen« liegt: Es ist dann die Haltungsform in diesem Stall. Oder das Stallmanagement. Oder es ist das Pferd. Gerade bei Verladetrainings, wo die Leute vermeintlich schon alles versucht haben, höre ich oft den Satz: »Wenn der nicht in den Hänger geht, kommt der Gaul zum Metzger.« Worauf ich normalerweise entgegne: »Schön, aber wie bitte soll er denn zum Metzger kommen?«

Neben den wütenden oder enttäuschten Pferdebesitzern gibt es auch die besorgten. Sie sind wie diese Helikopter-Eltern, die ihr Kind ständig mit den schlimmsten Befürchtungen im Hinterkopf beobachten. Das macht natürlich

auch was mit dem Pferd. Und mit unserer Beziehung zum Pferd. Um Menschen von so einer Haltung der Über-Fürsorge abzubringen, sage ich ihnen, dass die Pferde auch ganz gut ohne uns klarkommen. Die haben im Laufe ihre 60 Millionen Jahre dauernden Entwicklung schließlich »Pferd« gelernt. In der Natur könnten sie aufgrund ihrer Ausstattung problemlos überleben, denn das Pferd ist ein intaktes System. Ich bezweifle, dass das den meisten Menschen gelingen würde. Das heißt, wir können diesem System des Pferdes auch mal vertrauen. Ein Pferd ist vielleicht nicht intelligent im menschlichen Sinne, aber sein Überlebenssystem ist genial. Deshalb gibt es keinen Grund, es in Fürsorglichkeit zu ersticken. Weniger ist da in den allermeisten Fällen mehr.

Sehr oft stelle ich mich einfach neben den gestressten Menschen und mache dasselbe wie beim Pferd: Ich bringe meine innere Ruhe, mein ruhiges Gefühl zu der Person. Ich übernehme eine Brückenfunktion, denn das Pferd steht ja in der Regel auch dabei.

Dann frage ich irgendwann: »Fühlst du das? Fühlst du, wie hier etwas zwischen uns dreien ist, das sich echt gut anfühlt?« In den meisten Fällen funktioniert es. Wenn sie es fühlen können, sind sie ja schon im ruhigen Gefühl drin. Und dann sehen sie es auch noch am Pferd, wie es hineinnickt in die Situation, indem es mit abgesenktem Kopf vor uns steht, vielleicht gähnt oder leckt und kaut. Spätestens dann hat dieser Mensch ein Aha-Erlebnis.

Dieses »Schmecken« des ruhigen Gefühls ist ganz wichtig. In dem Moment versteht der Betreffende nämlich, dass er das Zünglein an der Waage ist. Dass bei ihm der Schlüssel zur Lösung liegt. Von selbst finden die Meisten nicht in die innere Ruhe. Deshalb geben wir dir eine Schritt für Schritt Anleitung in der *Praxis des Menschen*.

Wir müssen dem Pferd in unserer Beziehung geben können, was es zum (Über-)Leben braucht. Dazu zählt in erster Linie Sicherheit. Das ist bei einem Fluchttier das oberste Gebot.

Das Pferd wird sich bei dir sicher fühlen, wenn es in deinem Auftreten, deiner Haltung ihm gegenüber (und zwar nicht nur bei der gemeinsamen Arbeit, sondern auch im täglichen Umgang) bestimmte Qualitäten fühlt: innere Ruhe, Bestimmtheit, Gerechtigkeit im Sinne des Pferdes, bedingungslose Liebe. Das sind die Eigenschaften, auf die das Pferd dich prüft.

Der Ansatz vor dem Ansatz: Die vier Qualitäten

Menschen, die mich bitten, zu ihnen zu kommen und mit ihrem Pferd zu arbeiten, sagen oft: »Mein Pferd ist soundso.« Das ist ihre subjektive Bewertung. Das heißt, dieser Mensch *denkt*, sein Pferd sei so. Und *empfindet* das auch so.

Meine Aufgabe ist es erstmal, den betreffenden Menschen aus solchen Gedanken und Empfindungen rauszuholen und ihm zu sagen: »Dein Pferd *ist* nicht so. Nur wenn du immer denkst, der ist so, dann wird er so oder bleibt so. Und dann wird dir dein Gefühl das auch immer wieder bestätigen.«

Das ist eigentlich meine Hauptarbeit. Dem Menschen dabei zu helfen, seine Glaubenssätze über das Pferd loszulassen und in eine neue innere Haltung zum Pferd zu finden. Innere Ruhe, Bestimmtheit, Gerechtigkeit im Sinne des Pferdes, bedingungslose Liebe. Diese Qualitäten wirklich zu verinnerlichen und auszustrahlen ist der eigentliche Ansatz der »Feinen Sprache«. Der Ansatz vor jeder äußeren Methode. Die Arbeit mit den eigenen Glaubenssätzen hat mit dem Denken zu tun, das Herstellen einer bestimmten inneren Haltung mit dem Fühlen. An jedem Gefühl hängt ein Gedanke und an jedem Gedanken hängt ein Gefühl. Deshalb wollen wir uns jetzt um beides kümmern.

Innere Ruhe: Es gibt nichts zu tun

Mit der Haltung der inneren Ruhe bietest du dem Pferd an, in deine Resonanz zu kommen. Mit dir gemeinsam zu entspannen und still zu sein. Du kannst die Ruhe deinem Pferd nicht diktieren. In Resonanz mit ihr zu kommen ist die freie Entscheidung des Pferdes. Du bietest diese tiefe, ruhige, angenehme Stimmung einfach an, indem du sie selbst fühlst. Und dein Pferd wird so entscheiden, wie Pferde entscheiden: Strahlst du eine bestimmte Qualität wirklich aus? Fühlt sie sich für mich gut an? Dann schließe ich mich dir an.

Der Schlüsselsatz zur inneren Ruhe ist: *Es gibt nichts zu tun.* Du kannst ihn dir innerlich sagen, wenn du mit deinem Pferd zusammen bist. Es gibt nichts zu tun, ich muss nichts erreichen. Einfach nur still da sein.

Glaubst du dir das? Kannst du den Leistungsdruck aus dem Zusammensein mit deinem Pferd komplett rausnehmen? Wenigstens etwas? Oder meinst du, immer irgendwo hinkommen zu müssen? Nicht da zu stehen, wo du sein solltest? Zusammen mit deinem Pferd immer nicht gut genug zu sein? Beobachte dich, wenn du das nächste Mal bei deinem Pferd bist, welche Gedanken und Gefühle wirklich in deinem Kopf sind.

Belastende Gedanken und Glaubenssätze entkräftet man am besten dadurch, dass man sie untersucht. Dann verlieren sie ihre Macht über dich. Es gibt von der Amerikanerin Byron Katie eine gute Methode namens »The Work«, das zu tun.

Ein erster Schritt ist zu fragen, ob der Gedanke, dass z.B. du und dein Pferd nie gut genug sind, wirklich wahr ist. Ist das immer so? Kannst du mit absoluter Sicherheit wissen, dass ihr nie gut genug seid?

Dann frage dich im nächsten Schritt, was passiert, wenn du dir diesen Gedanken glaubst, dass du und dein Pferd nie gut genug sind. Wie fühlt es sich an? Wie reagierst du dann? Wie reagiert dein Pferd?

Weiter kannst du dich fragen, wie es wäre, wenn du diesen Gedanken, dass du und dein Pferd nie gut genug sind, nicht denken würdest. Wie wärst du dann? Wie wäre dann dein Pferd? Stelle dir das so lebhaft wie möglich vor!

Dann frage dich, ob es irgendeinen Grund gibt, an diesem Gedanken, dass du und dein Pferd nie gut genug sind, festzuhalten. Gibt es einen? Es sollte allerdings einer sein, der dir keinen Stress verursacht. Wahrscheinlich wirst du keinen solchen Grund finden können.

Schließlich kannst du den Gedanken, dass du und dein Pferd nie gut genug sind, einfach mal umdrehen. Zum Beispiel in: Ich und mein Pferd sind immer gut genug. Oder: Wir sind immer genau so, wie wir sind. Weder gut noch schlecht. Wir sind einfach wir selbst, in jeder Situation.

Mit deiner Umkehrung solltest du in der Nähe des Schlüsselsatzes landen. Für die innere Ruhe hieß er: *Es gibt nichts zu tun.* Wenn du die Untersuchung wirklich für dich durchführst, sollten dir der Schlüsselsatz und das damit verbundene Gefühl jetzt schon viel näher sein, oder?

Du kannst diese Gedankenuntersuchung für jeden einzelnen deiner belastenden Gedanken und Glaubenssätze durchführen. Solange, bis du im Gefühl von *Es gibt nichts zu tun* ankommst. Dann wird es für dich auch einfacher, ablenkungsfrei in der Haltung der inneren Ruhe zu verweilen. Wie du da genau hinkommst, kannst du in der *Praxis des Menschen* nachlesen.

Bestimmtheit: Ich kann dich souverän führen

Bestimmtheit bedeutet für das Pferd, dass der Mensch eine Intelligenz besitzt, die es führen und der es vertrauen kann. Dass der Mensch einen roten Faden hat. Dass er weiß, was er will.

Ruhe

Bestimmtheit

Gerechtigkeit

Liebe

Als vor gut zwanzig Jahren das Natural Horsemanship zu uns kam, ging es in vielen Systemen darum, dass der Mensch gegenüber dem Pferd immer das Alpha-Tier sein musste. Und wenn du da rausgegangen bist, war es ein Gesichtsverlust.

Das sind Dogmen. Über solche starren Verhaltensregeln wirken wir zwanghaft. Und sobald wir zwanghaft sind, sind wir nicht mehr souverän. Souveränität heißt, sich klar und selbstsicher zu fühlen und situationsangemessen zu handeln. Eine souveräne Leitposition ist für das Pferd wesentlich angenehmer, als eine zwanghafte Leitposition. Die erzeugt viel zu viel Druck.

Wir wollen in der »Feinen Sprache« von allem Starren und Zwanghaften wegkommen. Weil man es nicht braucht. Wir können stattdessen zum Pferd sagen: »Mach doch mal einfach was. Ich gehe jetzt diesen Weg. Wenn du einen anderen Weg gehen willst, ist das überhaupt nicht schlimm. Mach ruhig Fehler. Nur werde ich dir den Fehler etwas unbequem gestalten. Deinen Weg zu gehen, bedeutet mehr Arbeit für dich. Das nächste Mal kannst du dich wieder frei entscheiden. Gehst du den unbequemen Weg? Oder mit mir zusammen den bequemen, angenehmen?« So zu denken und zu handeln ist souveräne Führung.

Viele Menschen haben mit der Haltung von echter Souveränität Probleme. Klarheit und Selbstsicherheit haben etwas damit zu tun, in die eigene Stärke zu gehen. Aus einer sicheren Mitte heraus zu handeln. Vor allem Frauen tun sich damit oft schwer. Männer neigen dagegen häufig dazu, in die andere Richtung zu übertreiben: Ich muss immer das Alphatier sein. Das ist letztlich auch ein Mangel an innerer Sicherheit.

Angesichts der Haltung von Bestimmtheit kommen unsere ganzen Unsicherheiten ins Spiel: Ich bin mir nicht sicher, ob ich dich wirklich führen kann. Ich weiß nicht, was ich will. Ich vertraue mir nicht wirklich, wie kannst du mir da vertrauen. Der Schlüsselsatz *Ich kann dich souverän führen* setzt voraus, dass ich erstmal *mich selbst* souverän führen kann. Du kannst in deiner Gedankenuntersuchung nach »The Work« die Reflexivpronomen *mich* und *dich* austauschen und wirst sehen, dass beides stimmen wird.

Lass uns mal einen Gedanken, wie »Am Pferd bin ich unsicher« untersuchen. Ist dieser Gedanke wahr? Ist er immer wahr? Kannst du mit absoluter Sicherheit wissen, dass du unsicher bist? Oder gibt es auch Ausnahmen?

Was passiert, wenn du dir diesen Gedanken glaubst, dass du am Pferd unsicher bist? Wie fühlt es sich für dich an? Wie reagierst du aus diesem Gedanken heraus? Wie reagiert dein Pferd?

Und wie wäre es, wenn du diesen Gedanken nicht denken würdest, dass du am Pferd unsicher bist? Wie wärst du dann? Wie wäre dann dein Pferd? Schaue dir vor deinem inneren Auge so viele Situationen und Einzelheiten wie möglich dazu an.

Dann frage dich, ob es einen Grund gibt, an dem Gedanken, dass du am Pferd unsicher bist, festzuhalten; und zwar einen, der dir keinen Stress verursacht. Vielleicht hast du Angst vor Kritik, wenn du plötzlich in deine innere Klarheit und Stärke gehst? Angst, dich angreifbar zu machen, wenn du plötzlich nicht mehr wie ein unsicheres Mäuschen handelst? Aber ist das nicht ein Grund, an deiner Unsicherheit festzuhalten, der dich enorm stresst? Gibt es wirklich irgendeinen Grund, an dem Gedanken festzuhalten, dass du am Pferd unsicher bist?

Nun drehe den Gedanken, dass du am Pferd immer unsicher bist, einfach mal um. Ich bin sicher am Pferd. Ich bin klar. Ich weiß, was ich will. Ich weiß, was ich tue.

Wie fühlt sich das an? Jetzt müsste es viel leichter sein, den Schlüsselsatz der Bestimmtheit auszusprechen und zu fühlen: *Pferd. Ich kann dich souverän führen. Weil ich mich souverän führen kann.*

In der *Praxis des Menschen* lernst du mehr darüber, wie du in deine innere Ruhe und Stärke kommst.

Gerechtigkeit: Du kannst mich nicht enttäuschen

Ich unterstelle dem Pferd nie, dass es widersetzlich ist, sondern erstmal, dass meine Kommunikation nicht bei ihm ankommt. Dass mein Gedanke vom Pferd nicht verfolgt werden kann. Wenn es mich nach dem dritten Mal nicht versteht, muss ich mich fragen: »Wie kann ich es dem Pferd anders erklären? Muss ich mich vielleicht mal anders bewegen oder einen kleineren Schritt machen?« Das ist für mich ein Beispiel für Gerechtigkeit im Sinne des Pferdes.

Die gegenteilige Haltung wäre: »Wenn du jetzt nicht in den Hänger gehst, werde ich stinksauer.« Frustriert und enttäuscht zu sein ist bei vielen Reitern der Anfang vom Ende. Dass das Pferd nicht meinem Bild entspricht. Oder dass es nicht tut, was ich jetzt möchte. Oder dass alle anderen es machen, nur der nicht. Als nächstes kommt dann der Gedanke: Ich brauche ein anderes Pferd, das besser funktioniert. Das mehr meinen Ansprüchen entspricht.

Der Schlüsselsatz der Gerechtigkeit im Sinne des Pferdes heißt: *Du kannst mich nicht enttäuschen.* Stimmt das für dich? Kannst du das wirklich zu deinem Pferd sagen und auch so meinen? In jeder Situation?

Oder kennst du Gedanken, wie: Der/Die entspricht echt so gar nicht meinen Vorstellungen. Ich bin sauer und frustriert, weil der/die nicht macht, was ich will. Mit einem anderen Pferd würde das alles viel besser klappen. Wenn du solche Gedanken kennst, lass uns mal einen typischen Glaubenssatz von enttäuschten Ansprüchen untersuchen: Alle Pferde können das, nur meins nicht.

Ist der Gedanke, dass alle Pferde das können, nur deins nicht, wirklich wahr? Ist er immer wahr? Kannst du mit absoluter Sicherheit wissen, dass alle anderen Pferde das können, nur deins nicht? Oder gibt es auch Gegenbeispiele?

Was passiert, wenn du dir selbst glaubst, dass alle anderen Pferde das können, nur deins nicht? Wie fühlst du dich dann? Wie reagierst du auf dein Pferd? Wie reagiert dein Pferd auf dich? Nimm dir Zeit, all diese Fragen für dich zu beantworten.

Wie wäre es nun, wenn du diesen Gedanken nicht denken würdest, dass alle anderen Pferde das können, nur deins nicht. Wie wärst du dann anders? Wie wäre dein Pferd anders? Einfach dadurch, dass du den Gedanken nicht mehr denkst? Stelle dir das lebhaft vor.

Dann frage dich, ob es einen Grund gibt, an diesem Gedanken festzuhalten, dass alle anderen Pferde das können, nur deins nicht; ein Grund, der dir keinen inneren Stress verursacht? Gibt es überhaupt einen Grund? Ich denke, du wirst keinen finden.

Nun drehe den Gedanken, dass alle anderen Pferde das können, nur deins nicht, einfach mal um. Zum Beispiel: Alle anderen Pferde können das nicht, nur meins kann das.

Was kann nur dein Pferd? Was macht es aus? Worin ist es einzigartig? Wenn du dein Pferd sehen kannst, wie es wirklich ist, nicht mehr zugestellt von deinen Vorstellungen und Ansprüchen, wie es sein sollte, dann bist du beim Schlüsselsatz der Haltung von Gerechtigkeit im Sinne des Pferdes gelandet: *Du kannst mich nicht enttäuschen.*

Mit dieser inneren Haltung, dein Pferd erwartungsfrei so anzunehmen, wie es ist, sind wir schon ganz in der Nähe der letzten Qualität, auf die dein Pferd dich prüft: der bedingungslosen Liebe.

Bedingungslose Liebe:
Das einzige Pferd auf der ganzen Welt

Bedingungslose Liebe ist die Grundhaltung vor und hinter allen anderen inneren Qualitäten. Wenn ich das Pferd, das jetzt vor mir steht, wirklich annehmen kann, wie es ist, in jedem Moment, und es genau so lieben kann, kann ich sagen:

»Du bist für mich das einzige Pferd auf der ganzen Welt. Einfach weil du bist, wie du bist.« Ich kann das auch zu einem ganz fremden Pferd sagen, was ich vor einer Minute das erste Mal in meinem Leben gesehen habe und in ein paar Stunden nie mehr wiedersehen werde.

Warum ist bedingungslose Liebe im Umgang mit Pferden die allerwichtigste Haltung? Wenn ich bedingungslos liebe, bin ich schon in meiner Tiefe, und damit auch in der inneren Ruhe. Wenn ich bedingungslos liebe, wird meine Bestimmtheit gegenüber dem Pferd klar sein, ohne es zu überwältigen. Ich bin selbstsicher, ohne das Pferd selbstbezogen aus dem Blick zu verlieren. Wenn ich bedingungslos liebe, bin ich im Einklang mit dem, was hier und jetzt ist und wie es hier und jetzt ist. Weil es keine Erwartungen gibt, kann es auch keine Enttäuschungen geben.

Es gibt wohl kaum jemanden, der die Haltung bedingungsloser Liebe schöner ausgedrückt hat, als Antoine de Saint Exupéry in seinem Kleinen Prinzen. Als der kleine Prinz auf seiner Reise über verschiedene Planeten schließlich auf der Erde landet und dort den Fuchs trifft, erklärt ihm dieser, was es heißt, sich mit einem anderen Wesen vertraut zu machen:

»Du bist für mich nur ein kleiner Junge, ein kleiner Junge wie hunderttausend andere auch. Ich brauche dich nicht. Und du brauchst mich auch nicht. Ich bin für dich ein Fuchs unter Hunderttausenden von Füchsen. Aber wenn du mich zähmst, dann werden wir einander brauchen. Du wirst für mich einzigartig sein. Und ich werde für dich einzigartig sein in der ganzen Welt. (…) Aber wenn du mich zähmst, wird mein Leben heiter wie die Sonne sein. Ich werde den Klang deiner Schritte von den anderen unterscheiden lernen. Alle anderen Schritte jagen mich in meinen Bau. Deine Schritte werden mich wie Musik aus meinem Bau herauslocken. Und dann schau! Siehst du dort die Weizenfelder? Ich esse kein Brot. Weizen ist für mich ohne Nutzen. Die Weizenfelder erinnern mich an nichts. Und das ist traurig! Aber du hast goldene Haare. Wie wunderbar es sein wird, wenn du mich gezähmt hast! Der goldene Weizen wird mich an dich erinnern. Und ich werde das Brausen des Windes durch den Weizen lieben …«

Und dann verrät der Fuchs ihm sein Geheimnis: *»Es ist sehr einfach: Man sieht nur mit dem Herzen gut. Das Wesentliche ist für die Augen unsichtbar.«*

Wenn ich mein Pferd in jeder Situation mit den Augen des Herzens betrachten kann, auch wenn es mir auf die Füße tritt oder zum hundertsten Mal vor der Mülltonne vor dem Stall scheut, dann ist es für mich das einzige Pferd auf der ganzen Welt.

Wenn ich bedingungslos liebe,
bin ich schon in meiner Tiefe, und
damit auch in der inneren Ruhe.

PRAXIS

DIE PRAXIS
DES MENSCHEN

Als ich das erste Mal mit Stefan gearbeitet habe, fragte ich ihn: »Wie bringst du dich in die innere Ruhe, die du am Pferd hast?« Er antwortete: »Ich schalte einfach um.«

Es ist beneidenswert, Menschen wie ihm oder Jean-François bei der Arbeit zuzuschauen, die einfach in dieser inneren Ruhe und Präsenz *sind*. Wenn du zu ihnen gehörst, kannst du dieses Kapitel überspringen. Auch wenn du die Möglichkeit hast, persönlich mit Stefan zu arbeiten, kann er dir durch seine Präsenz zeigen, wie es sich anfühlt, in der inneren Ruhe zu sein.

Doch wenn du mit Hilfe dieses Buches üben willst, brauchst du einen Weg – brauchst konkrete Anleitung und Übung, um in die tiefe innere Haltung zu finden, in der du dich für das Pferd (und für dich selbst) einfach gut anfühlst. Dabei möchte ich dir mit diesem Kapitel Hilfestellung geben.

Ich begleite seit mehr als zwanzig Jahren Menschen auf dem Weg in die innere Ruhe. Und habe festgestellt, dass Pferde uns dabei unglaublich unterstützen können. Es ist ein wechselseitiger Prozess: Wir bieten dem Pferd das Maß an Ruhe an, in das wir hier und jetzt finden können. Es antwortet darauf, indem es in seine innere Ruhe und Entspannung geht, die so viel tiefer sein kann als die unsere. Das wirkt wiederum auf uns wie ein Fahrstuhl in die Tiefe: Wir finden viel leichter und schneller in den Zustand von Gegenwärtigkeit, als wenn wir alleine üben würden.

Andererseits lädt unsere Gegenwärtigkeit das Pferd ein, sich in diesen Zustand hinein zu lösen. Ich beobachte oft, wie Pferde sich durch einen ganzen Prozess von anfänglichem Entspannen, aufkommender Unruhe und schließlich Lecken, Kauen, Gähnen durcharbeiten, während ich einfach nur still den Zustand von Gegenwärtigkeit halte. Das ist absolut faszinierend.

Es ist also eine echte Win-win-Situation: Wir kommen tief, weil das Pferd tief kommt. Und das Pferd kommt tief, weil wir tief kommen. Also keine Sorge, wenn es dir noch fremd sein sollte, dich mit deiner Aufmerksamkeit auf dein Inneres auszurichten und einfach wahrnehmend da zu sein. Mit der Anleitung, die du hier bekommst und deinem Pferd an deiner Seite, bist du bald ein echter Achtsamkeitsprofi.

Achtsamkeit

Der Begriff Achtsamkeit ist heute in aller Munde. Wir sollen achtsam essen, achtsam durch die Natur spazieren, achtsam mit unseren Kindern umgehen. Alle reden darüber, aber keiner weiß genau, was eigentlich gemeint ist.

Ich erkläre es meinen Klienten gerne über das englische Wort für Achtsamkeit: Mind-ful-ness.

Wenn wir achtsam sind, sind wir »full of mind«. Im Gegensatz zu unserem Normalzustand, wo wir in der Regel »empty of mind« sind. Im ersten Fall sind wir also voll von etwas, das uns im zweiten Fall fehlt. Doch wer oder was ist dieses »mind«? Hier wird es nun spannend.

Wer ist der Generaldirektor deines Gehirns?

Ein kleiner Ausflug in die moderne Hirnforschung. Der vordere Teil des menschlichen Gehirns, der so genannte Präfrontale Kortex – nennen wir ihn kurzerhand den PK –, unterscheidet uns von den Tieren. Wir haben hier wesentlich mehr »graue Masse«, denn hier passiert unter anderem unser Denken. Also die Fähigkeit, vorausschauend zu planen und frei zu entscheiden, ob wir einem Impuls folgen oder nicht, was Tiere nicht oder nur in einem sehr begrenzten Umfang können (siehe dazu der Abschnitt zum kognitiven Lernen im *Lernverhalten des Pferdes*).

Sind wir jedoch gestresst, verändert sich die Lage dramatisch. Stress ist immer mit Angst verknüpft. Wir denken nicht mehr, sondern reagieren nur noch. Der Motor unseres Handelns sind jetzt die archaischen Überlebensimpulse von Kampf, Flucht oder Erstarren. Das alles macht evolutionstechnisch gesehen ganz viel Sinn, wenn ein Säbelzahntiger vor uns steht, denn bevor wir überhaupt darüber nachdenken könnten, was unsere Handlungsoptionen sind, wären wir schon gefressen.

Taucht ein Stressor auf, steuert also nicht mehr der PK unser Handeln, sondern das Gehirn schaltet sofort auf sein Angst-Stress-Zentrum um: Die Amygdala fährt jetzt sämtliche Stressparameter wie Blutdruck, Herzschlag und Stresshormone hoch, damit wir schnell reagieren und überleben können. Ist der Tiger weg, fährt das ganze Stress-System wieder runter.

Leider haben sich in unserer modernen Welt die Stressoren verändert. Wir begegnen nicht mehr alle paar Wochen mal einem Säbelzahntiger, sondern sind einer permanenten Überreizung ausgesetzt: auf der Arbeit, im Verkehr, in den sozialen Medien, in der Familie. Unser Gehirn reagiert darauf immer noch mit demselben Mechanismus wie vor 20 Millionen Jahren in der Steinzeit: Im Dauerstress bleibt der PK gehemmt und die Amygdala hochgefahren. Das heißt, unser innerer Stress wird chronisch.

Dauerstress macht nicht nur krank, sondern verändert auch das Gehirn. Je öfter und länger wir in der Stressantwort unseres Körpers leben, desto stressempfindlicher werden wir. Warum? Das Gehirn ist neuroplastisch. Vereinfacht gesprochen lässt sich in viel benutzen Hirnregionen ein Zuwachs an neuronaler Verschaltung nachweisen, in wenig benutzen Arealen nimmt die graue Masse dagegen ab. Im Dauerstress trainieren wir also das Stresszentrum unseres Gehirns, im Daueralarm zu sein.

Vielleicht wird dir jetzt klar, was fehlt, wenn wir »empty of mind«, also unachtsam, zerstreut und gestresst sind (für die meisten Menschen heute leider der Normalzustand): ein »eingeschalteter«, gut trainierter präfrontaler Kortex. Wenn wir dagegen achtsam sind, »full of mind«, entspannt sich unser Alarmzentrum Amygdala und alle Stressreaktionen des Körpers fahren runter. Außerdem steigt die unter Stress abgeschaltete Produktion des »Glückshormons« Serotonin wieder an, wir werden zufriedener und glücklicher.

Was heißt das für unser Zusammensein mit dem Pferd? Wir hatten in den vorangegangenen Kapiteln gesehen, dass das Pferd als Fluchttier unseren inneren Zustand sehr genau wahrnimmt. Laufen wir auf dem vollen Stressprogramm (in der Regel merken wir das noch nicht mal, weil gestresst zu sein für uns zur Gewohnheit geworden ist), signalisiert das dem Pferd eine akute Gefahr. Es erwartet sozusagen, dass der Säbelzahntiger jeden Moment um die Ecke kommt, denn wir sehen so aus, riechen so, fühlen uns so an wie ein Wesen in einer existenziell bedrohlichen Situation.

Will das Pferd sich uns in diesem Zustand anschließen? Nein! Es will am liebsten weglaufen, um sich in Sicherheit zu bringen – mit uns oder ohne uns.

Die gute Nachricht ist: Je mehr Zeit wir investieren, um »full of mind« zu werden, desto größer wird die Konzentration an grauer Masse in den Teilen des PK, die für Körper-Intuition, Aufmerksamkeit und Erinnerung, emotionale Balance und Mitgefühl sowie Entscheidungsfähigkeit zuständig sind. Das sind genau die Eigenschaften, die Pferde an uns schätzen.

Die Neurologin Sarah Lazar, Leiterin des Meditationsforschungszentrums der Harvard Universität, hat als erste

rausgefunden, dass Achtsamkeitsmeditation unser Gehirn positiv verändert. Sie sagt, dass wir bei der Achtsamkeitspraxis den »Generaldirektor des Gehirns« aktivieren. Er hilft uns, Situationen mit neuen Augen zu sehen und eingefahrene Reaktionsmuster durch eine entspannte, offene und freundliche Haltung zu ersetzen – uns selbst gegenüber sowie gegenüber den Menschen und Tieren in unserem Umfeld. Pferde lieben es, wenn wir uns so anfühlen! Der Generaldirektor des Gehirns hilft uns, zunehmend in die Erfahrung von Gegenwärtigkeit zu finden – sowohl mit dem Pferd wie auch in unserem Leben.

Ich weiß nicht, wie es dir geht, aber mich motiviert die Vorstellung ungemein, dass ich den Generaldirektor meines Gehirns gezielt trainieren kann. Um für mein Pferd und nicht zuletzt für mich selbst entspannter, zufriedener und glücklicher zu werden. Klingt gut? Dann lass uns jetzt anschauen, wie der zentrale Wirkmechanismus der Achtsamkeit funktioniert.

Die Aufgabe des inneren Beobachters

Was macht einen Menschen aus? Wir haben einen Körper und einen Geist. In einfachen Worten geht es bei der Achtsamkeitspraxis darum, zum inneren Beobachter seines Körpers und seines Geistes zu werden. Dieser innere Beobachter (auch der »innere Zeuge« genannt), erlaubt es uns, uns von den Inhalten des Bewusstseins zu *disidentifizieren*.

Ein kompliziertes Wort für einen eigentlich ganz einfachen Vorgang. Stell dir bitte vor, du verspürst ein starkes Gefühl wie Wut oder Traurigkeit. Wenn du dieses Gefühl einem Freund oder einer Freundin mitteilen willst, sagst du normalerweise: »Ich bin so wütend« oder »Ich bin total traurig«. ICH BIN. Das klingt so, als wäre da nur die Wut oder

Trauer, du und das Gefühl sind eins, es gibt keinen Teil von dir außerhalb des Gefühls.

Du bist mit der Wut oder Trauer vollkommen identifiziert. Das heißt aber auch: Du bist ihr ausgeliefert. Du kannst dieses Gefühl nicht einfach loslassen, sondern musst abwarten, bis die Wogen sich von alleine glätten.

Würdest du jedoch sagen (und das auch so spüren): »DA IST ein Gefühl von Wut« oder »DA IST ein Gefühl von Traurigkeit«, fühlt sich das irgendwie anders an, oder? Du nimmst die Wut oder Traurigkeit in dir wahr, aber du bist gleichzeitig *mehr* als die Wut, du bist *mehr* als die Traurigkeit. Neben dem Gefühl gibt es noch etwas anderes, das innerlich auf das Gefühl deutet und sagt: Da IST …

Wir werden von dem beherrscht, mit dem wir identifiziert sind. Doch durch das innere »Draufschauen« auf die eigenen Gefühle, Gedanken und Körperempfindungen entsteht in dir plötzlich Raum. Es gibt jetzt einen Beobachter und es gibt etwas, das er beobachtet. Deswegen weiß der Beobachter auch, dass er immer mehr ist als alles, was in der inneren Landschaft erscheint.

Der innere Beobachter ist der Generaldirektor des Gehirns, von dem wir im vorherigen Abschnitt gesprochen haben. Seine Geschäftszentrale ist unser Präfrontaler Kortex.

Ich gebe meinen Klienten manchmal das Bild eines Hügels, der den Blick auf eine weite Ebene freigibt. In der Ebene tummeln sich Gefühle, Gedanken und all die anderen Inhalte des Bewusstseins. Der Beobachter-Generaldirektor steht auf dem Hügel und überblickt die Ebene. Alles darf da unten da sein, aber er weiß, dass er mehr ist. Einfach weil er die Gefühle, Gedanken und Körperempfindungen wahrnehmen kann, weil er innerlich darauf deuten kann und sagen kann: Ah, da ist Traurigkeit. Und da ist der Gedanke,

dass Jungen nicht weinen dürfen. Und dort ist ein schmerzliches Ziehen in der Brust. Dieser Vorgang ist Disidentifikation.

Disidentifikation, das Loslösen von der Identifikation mit Inhalten unseres Bewusstseins, ist das täglich Brot der Achtsamkeitspraxis. Sie macht den inneren Beobachter-Generaldirektor immer stärker.

Die Inhalte deines Bewusstseins

Einen letzten Punkt müssen wir noch kurz betrachten, bevor es mit dem Üben losgeht. Vielleicht hast du dir diese Frage auch schon beim Lesen gestellt: »Was alles beobachtet eigentlich der innere Beobachter? Wovon genau hilft er uns, uns zu disidentifizieren?«

Wir hatten schon gesagt, dass es bei der Achtsamkeitspraxis darum geht, zum inneren Beobachter seines Körpers und seines Geistes zu werden. Das schauen wir uns jetzt genauer an.

Was gibt es zu beobachten im Zusammenhang mit dem Körper? Die Wahrnehmungskanäle des menschlichen Körpers sind unsere fünf Sinne. Wir können sehen, hören, riechen, schmecken und spüren. Entsprechend sind mögliche »Inhalte«, die vom Beobachter über den Körper wahrgenommen werden können, Farben und Formen, Töne, Gerüche, Geschmacksempfindungen und Körpersinnesempfindungen.

Da viele Achtsamkeitsübungen in der Regel einem Raum in Stille mit geschlossenen Augen gemacht werden, kommen Farben und Formen, Töne, Gerüche und Geschmacksempfindungen nicht so häufig vor. (Etwas anderes ist es natürlich, wenn wir Achtsamkeit draußen in der Natur oder im Alltag praktizieren!)

Die Körpersinnesempfindungen sind dagegen ein sehr häufiges Wahrnehmungsobjekt des inneren Beobachters. Wir können unendlich viele Empfindungen mit dem Körper wahrnehmen, nicht nur Wärme und Kälte oder Schmerz und Entspannung. Es kann kribbeln, ziehen, fließen, pochen, vibrieren etc. Das Spannende am Körpersinn ist ja, dass wir Körpersinnesempfindungen nicht nur an der Außengrenze unserer Haut wahrnehmen, sondern dass wir den Körper auch von innen spüren können. Das wird später im Körperscannen eine große Rolle spielen.

Ein weiteres wichtiges Wahrnehmungsobjekt des inneren Beobachters ist der Atem. Man kann eine gesamte Achtsamkeitspraxis nur auf der Atemwahrnehmung aufbauen. Übungen mit dem Atem lernen wir später kennen.

Neben dem Körper hat der Mensch noch einen Geist. Was gibt es da zu beobachten? Zu den unterschiedlichen geistigen Funktionen zählt zuerst einmal das Denken. Viele, die mit irgendeiner Form von Meditationspraxis beginnen, fragen sich, wie sie ihre nicht enden wollenden Gedanken stoppen können. Leider gibt es da keinen Aus-Schalter, aber wir können uns natürlich von ihnen mit Hilfe des inneren Beobachters disidentifizieren. Die Gedanken sind die schwierigste Nuss, die in der Achtsamkeitspraxis am Anfang zu knacken ist. Aber keine Sorge, dein Pferd wird dir mit seiner natürlichen Präsenz dabei eine gute Unterstützung sein.

An geistigen Funktionen gibt es weiterhin das Fühlen. Das Fühlen von Gefühlen oder Emotionen. Hier ist der innere Beobachter äußerst hilfreich, wenn »große Gefühle« in uns aufwallen. Wenn wir »auf dem Hügel« bleiben und die Gefühle unten in der Ebene, können wir schnell wieder in unsere innere Klarheit zurückfinden. Das ist hilfreich, wenn dein Pferd irgendeine emotionale Reaktion in dir auslöst.

Und dann gibt es noch ein viel grundlegenderes Fühlen. Ein einfaches, spürendes Ausgerichtetsein auf sich. Und das Gegenüber. Und den ganzen Rest. Das ist das Fühlen, was das Pferd mit uns teilt. Das ist das Fühlen, mit dem wir in die innere Ruhe eintauchen. Das ist das Fühlen, das uns mit dem Pferd auf einer sehr tiefen Ebene verbinden kann. In diesem »tiefen Fühlen« sind Beobachter und Beobachtetes nicht mehr zu unterscheiden. Nicht, weil wir identifiziert sind, sondern weil wir im Sein angekommen sind, wo keine Trennungen mehr existieren. Wo nur noch Gegenwärtigkeit herrscht. Dazu später mehr.

Fassen wir zusammen: Achtsamkeit ist fortlaufende Disidentifikation. Das heißt, dass ein innerer Beobachter alles wahrnimmt, was im Inneren so auftaucht: Sinnesempfindungen, vor allem Körpersinnesempfindungen, den Atem, Gedanken, Gefühle, aber auch das »tiefe Gefühl« – die Gegenwärtigkeit, in der Beobachter und Beobachtetes schließlich eins werden. Indem der Beobachter innerlich auf all das schaut, weiß er immer, dass er mehr ist.

Die Haltung, in der der Beobachter auf alles schaut, ist freundlich-neutral. Er bewertet nichts von dem, was er sieht, nennt es also weder »gut« noch »schlecht«. Warum? Bewertungen ketten uns an das Wahrgenommene und führen wieder in die Identifikation.

Das reicht nun an Theorie. Jetzt weißt du alles, was du wissen musst, damit wir starten können und die Übungen für dich auch einen Sinn machen. Ich habe sie in drei Gruppen unterteilt: Übungen zum Einstieg; Übungen, die für die Achtsamkeitspraxis fundamental sind; Übungen, die dich in die Tiefe führen. Am Ende einer Übung sage ich dir jeweils, ob und wie du sie als Partnerübung mit deinem Pferd durchführen kannst.

Wie üben?

Achtsamkeit braucht am Anfang eine Menge »Dranbleiben«. Aber war es denn anders, als du Reiten gelernt hast? Kannst du dich noch erinnern? Wie oft hast du geflucht, bist runtergefallen, hast dich wie ein Idiot gefühlt, als du auf dem armen Pferd ungeschickt rumgehoppelt bist?

Dafür kannst du es jetzt genießen, die Bewegungen deines Pferdes unter dir zu spüren und weich in jedem Tempo mitzugehen. Genauso wirst du es in absehbarer Zeit genießen können, mit einem wachen, entspannten Geist mit den Bewegungen und Regungen deines Geistes mitgehen zu können oder tief mit dir selbst und mit deinem Pferd in Stille verbunden zu sein; ja, dich mit ihm ganz eins zu fühlen. Einfach so.

Noch eine Parallele zum Reiten lernen: Je öfter du in den Genuss von Reitstunden kamst, desto schneller hast du Fortschritte gemacht, richtig? Mit der Achtsamkeit ist es ganz genauso. Je öfter du übst, desto leichter fällt sie dir.

Ich schlage vor, dass du mit den Einstiegsübungen beginnst und sie alle einmal ausprobierst. Dann suche dir eine Übung aus, die du jeden Tag für 5–10 Minuten für dich alleine machst. Am besten immer zur gleichen Zeit und am gleichen Ort. Routine hilft.

Sobald du dich damit wohlfühlst, kannst du deine Übungszeit erweitern. Oder zum nächsten Set von Übungen gehen, wo die Übungszeit 10–30 Minuten betragen kann. Zur Unterstützung habe ich dir die beiden fundamentalen Übungen, die achtsame Wahrnehmung des Atems sowie des Körpers, aufgesprochen. Du kannst sie dir auf dein Smartphone runterladen und dich so durch die jeweilige Übung führen lassen, um mit ihr vertraut zu werden. Den Link für das Audio-Download findest du am Ende des Buches. Doch nun beginnen wir mit dem Anfang.

DER EINSTIEG:
Den Beobachter kennenlernen

In den drei Einstiegsübungen benutzen wir noch die Sprache, um uns zu disidentifizieren. Jedes Mal, wenn du eine dieser Übungen durchführst, baust du graue Masse in deinem PK auf! Damit begründest du einen starken Generaldirektor deines Gehirns, der dir in den weiteren Übungen helfen wird, immer tiefer zu gehen und mit deinem Pferd Ruhe und Verbundenheit zu teilen.

Disidentifikations-Übung

Ein guter Einstieg in den inneren Beobachter ist die Dis-identifikations-Übung von Roberto Assagioli, dem Gründer der Psychosynthese, einer humanistischen Psychotherapie-richtung. Du kannst mit dieser Übung auch sehr tief gehen. Sie ist schon fast hundert Jahre alt und ein echter Klassiker.

Die Schritte

Nimm dir ca. 5 Minuten. Du kannst dich zur Durchführung der Übung entspannt hinsetzen oder -legen. Nimm ein paar tiefe Atemzüge und lies die folgenden Sätze. Du musst dabei zu keinem bestimmten »Ergebnis« kommen. Beobachte einfach nur aufmerksam, was die folgenden Betrachtungen in dir auslösen.

- Sage dir langsam und aufmerksam: »Ich habe einen Körper, aber ich bin nicht mein Körper.«

Versuche herauszufinden, wer da jetzt spricht. *Ich habe einen Körper, aber ich bin nicht mein Körper.* Mein Körper fühlt sich manchmal ausgeruht und frisch an, manchmal müde und zerschlagen. Aber ist er ich selbst? *Ich habe einen Körper, aber ich bin nicht mein Körper.* Ich gebe meinem Körper zu essen, bekleide ihn und versuche, ihn in guter Gesundheit zu erhalten, aber ist dieser Körper, was ich bin? *Ich habe einen Körper, aber ich bin nicht mein Körper.* Wer spricht?

- Sage dir langsam und aufmerksam: »Ich habe Gefühle, aber ich bin nicht meine Gefühle.«

Versuche herauszufinden, wer da jetzt spricht. *Ich habe Gefühle, aber ich bin nicht meine Gefühle.* Gefühle können sich schnell ändern, sich manchmal widersprechen oder sogar in ihr Gegenteil umschlagen. *Ich habe Gefühle, aber ich bin nicht meine Gefühle.* Sind meine wechselnden Gefühle ich selbst? Oder bin ich mehr als ein bestimmtes Gefühl, auch wenn es mich gerade wie eine Welle überflutet? *Ich habe Gefühle, aber ich bin nicht meine Gefühle.* Gefühle kommen und gehen. Wer bleibt?

- Sage dir langsam und aufmerksam: »Ich habe einen Verstand, aber ich bin nicht mein Verstand.«

Versuche herauszufinden, wer da jetzt spricht. *Ich habe einen Verstand, aber ich bin nicht mein Verstand.* Denken passiert die ganze Zeit in mir, manchmal bewusst, öfter unbewusst.

Ich habe mich sogar schon mal dabei ertappt, im Schlaf zu denken. *Ich habe einen Verstand, aber ich bin nicht mein Verstand.* Bin ich diese unzähligen, kreisenden Gedanken? Meine To-do Listen, sorgenvollen Grübeleien, Urlaubsplanungen, Haushaltsabrechnungen? *Ich habe einen Verstand, aber ich bin nicht mein Verstand.* Bin ich meine neuen Ideen, spannenden Erkenntnisse, tiefen Einsichten? *Ich habe einen Verstand, aber ich bin nicht mein Verstand.* Wenn ich nicht mein Verstand bin, wer bin ich dann?

Am Ende verweile noch ein bisschen in dem Gefühl, was durch diese Betrachtung in dir entstanden ist. Was immer du jetzt fühlst, ist genau richtig.

TIPPS

Versuche nicht, dir diese Übung zu er-denken. Die Fragen in der Übung sollen dein Gefühl an-sprechen, eine tiefere Ebene von dir. Dazu musst du in die Fragen wirklich reingehen, sie dir echt stellen.

Es ist auch hilfreich, nach jeder Frage eine Pause zu machen, die Frage in dir nachklingen zu lassen und zu fühlen, was sie in dir bewegt.

ZIEL DER ÜBUNG

Ein Gefühl für den inneren Beobachter zu bekommen.

ACHTSAMKEIT AM PFERD

Diese Übung ist keine direkte Partnerübung mit dem Pferd. Aber du kannst sie zum Beispiel machen, während du bei deinem Pferd auf der Weide oder in der Box sitzt. Es ist gut möglich, dass es sich für dich zu interessieren beginnt. Einfach weil du deinen Fokus nach innen ge-wendet hast, und Pferde das sehr mögen. Selbstverständlich kannst du dir auch 5 Minuten nach dem Aufwachen dafür nehmen, wenn du noch im Bett liegst. Oder wenn du mal während des Tages eine Pause machst. Nur bitte nicht beim Autofahren.

Beobachtersatz-Übung

Die folgende Übung hat mir vor fünfzehn Jahren meine liebe Kollegin Karla Mikoteit gegeben. Ich habe sie seitdem mit vielen Klienten geteilt. Anfangs kommt der Beobachtersatz etwas sperrig daher, aber wenn er dir erstmal vertraut ist, ist er ein wunderbares Werkzeug, sich von schwierigen Gefühlen und Gedanken zu disidentifizieren. Von denen unsere Pferde ja mitunter eine ganze Menge in uns auslösen können.

Die Schritte

Du kannst diese Übung immer und überall machen, wo es nötig ist, dir inneren Raum zu verschaffen. Du kannst sie aber auch einfach üben mit den Gedanken, Gefühlen und Körperempfindungen, die gerade in dir aufsteigen, um den Generaldirektor deines Gehirns zu stärken.

- Ich frage mich: *Was ist da jetzt?*
- Und begleite jede einzelne innere Wahrnehmung mit dem folgenden, dreiteiligen Satz: »*Da ist … (ein Gedanke, ein Gefühl, eine Körperempfindung) und ich, die/der das beobachten kann, bin mehr, und nenne es weder gut noch schlecht.*«

Ein Beispiel:

Meine Stute ist mir gerade auf den Fuß getreten. Als Reaktion steigt Wut in mir auf. Anstatt die Wut dem Pferd gegenüber zum Ausdruck zu bringen, beschreibe ich, was ich innerlich wahrnehme, mit dem Beobachtersatz. Jede einzelne innere Wahrnehmung, jede Einzelheit bekommt einen eigenen Satz, bis eine deutliche Beruhigung der inneren Lage, bzw. eine Art »Raumgefühl« eintritt.

Was ist da jetzt?
Da ist ein Gefühl von Zorn, und ich, die das Gefühl beobachten kann, bin mehr und nenne es weder gut noch schlecht!
Was ist da jetzt?
Da ist ein Schmerz in meinen rechten Zehen, und ich, die den Schmerz beobachten kann, bin mehr und nenne ihn weder gut noch schlecht!
Was ist da jetzt?
Da ist der Gedanke, dass sie mich nicht respektiert, und ich, die diesen Gedanken beobachten kann, bin mehr und nenne ihn weder gut noch schlecht!
Was ist da jetzt?
Da ist der Gedanke ‚Die kann mich mal' und ich, die den Gedanken beobachten kann, bin mehr und nenne ihn weder gut noch schlecht!

Was ist da jetzt?
Da ist ein nachlassender Schmerz in meinen rechten Zehen, und ich, die den Schmerz beobachten kann, bin mehr und nenne ihn weder gut noch schlecht!
Was ist da jetzt?
Da ist der Gedanke, dass ich nicht aufgepasst habe, und ich, die den Gedanken beobachten kann, bin mehr und nenne ihn weder gut noch schlecht!
Was ist da jetzt?
Da ist der Gedanke, dass es genauso meine Schuld war, und ich, die den Gedanken beobachten kann, bin mehr und nenne ihn weder gut noch schlecht!
Was ist da jetzt?
Da ist ein Gefühl von Erleichterung, und ich, die das Gefühl beobachten kann, bin mehr und nenne es weder gut noch schlecht!

Manchmal kommst du schon nach ein paar Minuten Beobachten und Beschreiben in die innere Entspannung, manchmal dauert es ein bisschen. Es wird aber immer sofort besser.

Manchmal beschreibst du länger nur Gefühle, bis der erste Gedanke kommt. Oder du beschreibst erstmal nur Körperempfindungen, bis diese sich lösen und die Gefühle und Gedanken dahinter zum Vorschein kommen. Es gibt keine Regeln.

Wenn du fragst: »Was ist da jetzt?« wird jeweils ein Gefühl, Gedanke oder eine Körperempfindung in den Vordergrund treten, und die beschreibst du dann aus der Perspektive des Beobachters.

Das Besondere am inneren Beobachter ist, dass er neutral ist. Er lässt sich nicht in unser inneres Drama reinziehen, das ja gerade durch Identifikation und Bewertungen entsteht (z.B. Was für ein Mist das ist, dass mir mein Pferd jetzt wieder auf den Fuß getreten ist).

Es gibt nichts, was ich in meinem Inneren nicht beobachten und beschreiben könnte, und alles darf da sein, ist in Ordnung, wie es ist! Diese freundlich-neutrale Haltung wird uns in den Wahrnehmungsübungen von Atem und Körper noch begegnen und hat etwas unglaublich Befreiendes und Entspannendes.

TIPPS

Beim ersten Satzteil: *Da ist …* solltest du in zeigender Sprache bleiben und keine persönlichen Fürwörter (»mein«, »mir«, »mich«) verwenden. Zeigende Sprache erlaubt Disidentifikation, persönliche Fürworter (»Ich fühle mich …«) bewirken Identifikation. Beispiele für zeigende Sprache:

- *Da ist Wut …* (Gefühl)
- *Da ist eine Enge in der Brust …* (Körperempfindung)
- *Da ist der Gedanke, am liebsten weglaufen zu wollen …* (Gedanke)

Zu jeder einzelnen inneren Wahrnehmung sage ich weiter: *… und ich, die/der das beobachten kann, bin mehr …*, also zu jedem Gedanke, zu jedem Gefühl, zu jeder Körperempfindung. Beim Sprechen sollte ich dabei innerlich auf das schauen, was ich beschreibe. Ich beobachte aufmerksam, wie es sich vielleicht schon verändert, während ich es aus der Distanz des inneren Beobachters benenne.

Der dritte Satzteil *… und nenne es weder gut noch schlecht«* hilft mir, die freundlich-neutrale Haltung des Beobachters zu verstärken.

Ich beobachte auch meine eigene Bewertung der Übungs-Situation (z.B. den Gedanken: *Dieses blöde Beschreiben muss doch endlich mal vorbei sein*) und nenne auch diese »weder gut noch schlecht«.

ZIEL DER ÜBUNG

Den Wirkmechanismus des inneren Beobachters zu erfahren: Der Beobachter führt in eine größere innere Freiheit. Und die Position des inneren Beobachters zu stärken, während er aus seiner Distanz auf alles schaut, was an Wahrnehmungsobjekten vor ihm erscheint.

ACHTSAMKEIT AM PFERD

Der Beobachtersatz eignet er sich sehr gut dazu, dich schnell aus schwierigen Gefühlen oder Gedanken herauszuholen, wenn du mit deinem Pferd zusammen bist. Dazu musst du aber mit dem Ablauf vertraut sein, deswegen die dringende Empfehlung, ihn vorher für dich zu üben.

Auch wenn du die Übung nutzt, um generell den Generaldirektor des Gehirns zu stärken, kannst du sie wunderbar machen, wenn du mit deinem Pferd zusammen bist. Du sitzt in seiner Nähe und beschreibst einfach die Gedanken, Gefühle und Körperempfindungen, die gerade in dir aufsteigen. Du kommst dadurch manchmal zu überraschenden Einsichten in Bezug auf dich und dein Pferd. Auch ist es interessant zu sehen, wie dein Pferd reagiert. Ich möchte wetten, dass es sich selbst entspannt, während es fühlen kann, dass du während der Übung mehr in die innere Entspannung kommst.

Etiketten-Übung

Die Etiketten-Übung benutzt nur noch eine sehr vereinfachte Sprache, um auf die Wahrnehmungsinhalte zu deuten. Sie ist ein Klassiker der Achtsamkeitsmeditation; die Fließband-Variante stammt aus der DBT (Dialectical Behavior Therapy) von Marsha Linehan.

Die Schritte

Du kannst dich zur Durchführung der Übung entspannt und bequem hinsetzen oder -legen. Schließe die Augen und nimm ein paar tiefe Atemzüge.
Richte dich auf deine innere Landschaft aus und beobachte, was in dir aufsteigt: Ein Gedanke? Ein Gefühl? Eine Körperempfindung? Vielleicht auch ein inneres Bild? Oder ein Geräusch dringt an dein Ohr? All diese Bewusstseinsinhalte kommen und gehen.
Du kannst nun jeweils dem, was von Moment zu Moment in den Vordergrund tritt, ein Etikett geben: *Gedanke* (oder *Denken*). *Gefühl* (oder *Fühlen*). *Körperempfindung* (oder *Spüren*). *Inneres Bild* (oder *Sehen*). *Geräusch* (oder *Hören*) usw.
Sobald du den Wahrnehmungsgegenstand etikettiert hast, zieht er vorüber und macht einem weiteren Wahrnehmungsgegenstand Platz.

Variante

Du kannst dir deinen Geist auch als ein Fließband vorstellen. Auf diesem Fließband laufen Gedanken, Gefühle, Körperempfindungen an dir vorbei. Sobald ein Gedanke, eine Empfindung oder ein Gefühl auftaucht, gibst du ihm ein Etikett, indem du innerlich zu dir sagst: »Gedanke«, »Empfindung« oder »Gefühl«.
Nimm den Wahrnehmungsgegenstand dann vom Fließband herunter und sortiere ihn in seine entsprechende Schachtel. Es gibt eine für Gedanken, eine für Gefühle, eine für Körperempfindungen usw.

TIPPS

Beim Etikettieren gehst du nicht auf den Inhalt des Gefühls oder Gedankens ein. Das würde dich wieder in Identifikation ziehen. Du klebst mental einfach nur das Etikett drauf, worum es sich hier handelt. Bist du entspannt, ziehen die Wahrnehmungsobjekte ruhig nacheinander durch den Geist. Bist du jedoch innerlich angespannt, scheinen sie dich manchmal fast zu bedrängen. Dann kann es hilfreich sein, erstmal eine Runde spazieren zu gehen oder ein paar Körperübungen zu machen, um den Geist zu beruhigen, bevor du dich wieder der Übung zuwendest.

ZWECK DER ÜBUNG

Auch hier stärken wir den Beobachter, nähern uns aber auch schon einer feineren Ebene von innerer Wahrnehmung, die keine Sprache mehr benutzt.

ACHTSAMKEIT AM PFERD

Die Etiketten-Übung eignet sich sehr gut dazu, einen inneren Checkup zu machen, bevor du deinem Pferd begegnest. Damit bekommst du schnell eine gute Einschätzung, wie es um den Grad deiner Entspanntheit steht. Stellst du beim Blick nach innen fest, dass die Gedankenschachtel sich schneller füllt als alle anderen Schachteln, solltest du dich erstmal mit einer Atemübung des nächsten Kapitels in einen tieferen Entspannungszustand bringen, bevor du zum Pferd gehst. Ihr bekommt dann einen viel besseren Start zusammen!

DAS FUNDAMENT:
Atem und Körper achtsam wahrnehmen

Die folgenden beiden Übungen sind das Herzstück der klassischen Achtsamkeitspraxis. Durch die Einstiegsübungen haben wir ein gutes Gefühl dafür gewonnen, wer der innere Beobachter ist und wie Disidentifikation von Bewusstseinsinhalten funktioniert. Auf dieser Erfahrung bauen wir jetzt auf, indem wir uns ohne Sprache disidentifizieren: einfach durch achtsames Wahrnehmen. Damit kommen wir schon ein ganzes Stück tiefer.

Die folgenden Übungen sind länger und brauchen etwas mehr Ausdauer, aber jetzt geht es darum, den PK wirklich aufzubauen. Dazu ein Bild: Stell dir vor, du willst auf den Grund des Meeres tauchen. Dort unten ist das Einssein im Fühlen mit dir selbst und deinem Pferd.

Zuerst musstest du durch die oberen Schichten des Meeres durch, die oft von Wellen bewegt und sehr unruhig sind. Auch schwimmen da oben viele Wrackteile herum, die dich am Tieferkommen hindern, weil du dich reflexartig an ihnen festklammerst und so nur auf der Oberfläche treibst. Das Benennen, das wir in den Einstiegsübungen benutzt haben, half dir, die Wrackteile an der Oberfläche loszulassen und tiefer zu sinken.

Nun kommen wir in eine Schicht des Meeres, die in ihrer Ausdehnung sehr weit nach unten reicht. Wir werden also Zeit brauchen, sie zu durchqueren. Auch hier gibt es noch Bewegung, auch hier schwimmen noch Dinge herum, die du durch achtsames Wahrnehmen daran hindern kannst, sich an dir zu verfangen und dich so am Tieferkommen zu hindern. Am Ende erreichst du den Grund des Meeres, der still und unbewegt ist. Dazu mehr in der Vertiefung. Jetzt machen wir uns erstmal ans Durchqueren der mittleren Meeresschicht mit Hilfe der achtsamen Wahrnehmung von Atem und Körper sowie von auftauchenden Gedanken und Gefühlen.

Atemzüge zählen

Doppelt so lange auszuatmen wie einzuatmen hilft dir im Alltag, sehr schnell zu entspannen. Dazu musst du die Atemzüge zählen.

Die Schritte

Es ist supereinfach. Du kannst diese Übung machen, wann und wo immer du bist.
Durch die Nase einatmend zählst du langsam:
Einundzwanzig, zweiundzwanzig dreiundzwanzig.
Durch den Mund mit halbgeschlossenen Lippen ausatmend zählst du:
Einundzwanzig, zweiundzwanzig, dreiundzwanzig, vierundzwanzig, fünfundzwanzig, sechsundzwanzig.
Dabei macht die entweichende Atemluft ein leises F-Geräusch.
Das wiederholst du, bist du merkst, dass du entspannst.

TIPPS

Mache diese kurze Atemübung mindestens drei bis fünf Mal am Tag.
Die Konzentration auf das Zählen hilft dir, ohne Ablenkung beim Atem zu bleiben.

WARUM DIESE ÜBUNG?

Um dich sofort in einen Zustand von Entspannung zu atmen: Beim Einatmen schlägt das Herz etwas schneller, beim Ausatmen verlangsamt sich der Herzschlag. Langes Ausatmen heißt also langsamerer Herzschlag. Und langsamerer Herzschlag heißt für das vegetative Nervensystem: Entspannen!

ACHTSAMKEIT AM PFERD

Wann immer du merkst, dass du im Zusammensein mit deinem Pferd von etwas gestresst wirst, zähle deine Atemzüge in der beschriebenen Weise. Damit du dich für dein Pferd nicht anfühlst, als sei ein Säbelzahntiger hinter dir her.

Atem beobachten

Es gibt in der Achtsamkeitstradition viele Wege, den Atem zu beobachten. In allen geht es um eine aufmerksame Wahrnehmung des Atems, ohne sich von Gedanken, Gefühlen und Körperempfindungen vom Atem wegziehen zu lassen.

Zu Anfang solltest du an einem ruhigen Ort üben zu einer Tageszeit, wo du nicht gestört wirst. Plane etwa 15 Minuten dafür ein. Idealerweise täglich.

Für diese Übung steht dir ein Audio-Download zur Verfügung, den Link findest du am Ende des Buches. Die von mir gesprochene Anleitung wird dir anfangs helfen, mit deiner Aufmerksamkeit beim Atem zu bleiben und den Übungsablauf zu verinnerlichen.

Der folgende Ablauf basiert ursprünglich auf einer Anleitung zur Atementspannung der Techniker Krankenkasse, die ich über die Jahre an die Bedürfnisse meiner Klienten angepasst habe. Du kannst ihn durchlesen, um dir den Gang der Übung zu vergegenwärtigen. Ich empfehle dir allerdings, zum Üben eine gesprochene Anleitung zu verwenden.

Die Schritte

Setze dich aufrecht und bequem auf einen Stuhl, die Füße flach auf dem Boden. Du kannst die Übung auch im Liegen oder Stehen machen. Wichtig ist, dass der Atem frei fließen kann. Du atmest bei dieser Übung ganz normal, ohne deinen Atem irgendwie zu beeinflussen.

Schließe die Augen oder lasse sie mit weichem Blick auf einen Punkt ca. 2 Meter vor dir auf dem Boden ruhen. Nimm innerlich eine passive Haltung ein. Es geht nicht darum, irgendetwas zu erreichen oder sich anzustrengen. Es geht auch nicht darum, dass du diese Übung perfekt durchführst. Es geht nur darum, wahrzunehmen, was du in jedem Moment empfindest.

Du atmest durch die Nase ein und aus und lässt den Atem frei fließen. Nimm dir Zeit, deinen Atem zu erforschen, so wie er natürlicherweise ein- und ausströmt: Wo spüre ich meinen Atem gerade besonders deutlich?

An der Nasenöffnung, wo sich vielleicht ein zarter Lufthauch bemerkbar macht? Entlang der inneren Nasenkanäle, wo die Schleimhäute jede Temperaturveränderung des vorbeistreifenden Atems registrieren? Oder vielleicht im hinteren Teil des Mundraums, wo der Atemstrom den Rachen beim Einatmen sanft kühlt? Wie strömt die Atemluft durch den Kehlkopf? Spüre ich den Atem in der Luftröhre?

Nimm alles einfach so wahr, wie es für dich jetzt ist, ohne es zu bewerten. Wenn irgendwelche Gedanken auftauchen und dich von deiner Wahrnehmung des Atems fortziehen wollen, lenke deine Aufmerksamkeit einfach freundlich wieder zum Atem zurück.

Erforsche weiter den Atem: Spüre ich, wie die Atemluft in die Lunge einströmt und wieder ausströmt, ohne dass ich dafür etwas tun muss? Wie sich der Brustraum mit jedem Einatmen weitet und mit jedem Ausatmen wieder absenkt?

Spüre ich, wie der Atemstrom das Zwerchfell bewegt, wie es sich bei jedem Einatmen nach unten drückt und die Luft in die Lunge herein zieht und wie es sich wieder entspannt nach oben wölbt, wenn ich ausatme?

Ich lasse den Atemstrom einfach frei fließen. In seinem ganz eigenen Rhythmus. Es gibt nichts zu verändern und nichts zu kontrollieren, alles ist gut genauso, wie es ist.

Erforsche weiter den Atem: Spüre ich, wie die Bauchdecke sich mit jedem Atemzug hebt und wieder senkt, sich ausdehnt und wieder zusammenzieht?

Beobachte jeden Atemzug neugierig und interessiert. Unser Atem ist nicht immer gleich. Mal atmen wir länger, mal kürzer. Manchmal ist der Atem tiefer, dann wieder flacher. Lass ihn einfach kommen und gehen, wie er es von selbst will.

Kann ich bemerken, dass der Atem nach dem Ausatmen etwas innehält, ehe ich wieder einatme? Ich nehme diese kurze Atempause wahr, ohne sie zu beeinflussen. Mein Körper atmet ganz von selbst wieder ein.

Kann ich beim Atmen die Empfindungen in Nase, Brust und Bauch zugleich spüren? Wie mein Atem durch den Körper fließt und ihn bewegt?

Wo immer du den Atem spürst, ist es gut.

Wenn du so weit bist, komme in deinem eigenen Tempo in den Raum zurück. Spüre, wie du auf dem Stuhl sitzt. Nimm die Geräusche wahr, die um dich herum zu hören sind. Dann atme ein paar Mal tief ein und aus und dehne und strecke dich kräftig. Öffne langsam die Augen.

ACHTSAMKEIT AM PFERD

Wenn du mit dem Ablauf der Atemwahrnehmung vertraut bist, stelle dich einfach mal auf die Weide oder den Paddock und beobachte deinen Atem in Gegenwart deines Pferdes. Pferde setzen rhythmische Bewegung mit Selbstvertrauen gleich. Dein rhythmischer Atemfluss, egal wie fein er ist, vermittelt deinem Pferd auf subtile Weise, dass du ein vertrauenswürdiger Anführer bist. Du wirst vielleicht feststellen, dass dein Pferd sehr ruhig wird und vor dir den Kopf absenkt, weil es sich in deiner Gegenwart sicher fühlt. Es kann sogar sein, dass sich eure Atemzüge stellenweise synchronisieren, etwa in einem großen, loslassenden Ausatmen.

Atem-Anker

Der Atem ist für dich der erste Anker für das »Umschalten« in die innere Ruhe am Pferd. Warum? Der Atem ist eine natürliche Brücke zwischen Außen- und Innenwahrnehmung. Du kannst im Bruchteil einer Sekunde deine Aufmerksamkeit auf deinen Atem richten und bist schon angekommen bei dir, in deinem Innenraum. Wo spürst du genau jetzt deinen Atem? Bleibe da.

Dieses Umschalten auf den Atem kannst du zum Beispiel im *Loben mit der Pause* nutzen, das Stefan in der *Praxis am Pferd* erklären wird.

TIPPS

Konntest du auftauchende Gedanken einfach nur beobachten, ohne sie zu bewerten? Wenn deine Aufmerksamkeit ständig vom Atem wegdriftet und sich irgendwelchen Gedanken zuwendet, ist das Teil der Übung. Sobald du es bemerkst, bringst du deine Aufmerksamkeit freundlich und geduldig zum Atem zurück. Gerade mit diesem ständigen Bemerken und Zurückbringen stärkst du den Beobachter und baust graue Masse im PK auf!

Wenn Gefühle oder störende Körperempfindungen während der Atemwahrnehmung auftauchen und dich dazu einladen wollen, sich mit ihnen zu beschäftigen, dann denke daran, was du über Identifizierung gelernt hast. Wenn du nicht auf ihren Inhalt einsteigst und sie als weder gut noch schlecht bewertest, ihnen vielleicht einfach nur das Etikett GEFÜHL oder EMPFINDUNG verpasst, können sie wieder vergehen. Während du mit deiner Aufmerksamkeit zur achtsamen Wahrnehmung des Atems zurückkehrst.

Wenn du bemerkst, dass du kritisch oder hart zu dir selbst bist: Willkommen inmitten der Übung! Wann immer du dich innerlich verurteilst, weil »es nicht klappt«, nutze den Beobachter, um dich von diesen selbstanklagenden Gedanken und Gefühlen zu distanzieren. Du bist immer mehr als all deine Bewertungen von dir.

WOZU DIESE ÜBUNG?

Durch bewusstes Atmen entspannen sich Körper und Geist, weil Atem und Nervensystem eng miteinander verbunden sind. Du kommst in einen wachen, offenen und gelassenen Zustand. Du fühlst dich ruhig.

Körper scannen

Mit aufmerksamer Wahrnehmung 30 bis 45 Minuten systematisch durch den Körper zu wandern ist eine echte Herausforderung! Wir verdanken die folgende Übung dem amerikanischen Molekularbiologen Jon Kabat-Zinn und seinem weltweit bekannten MBSR-Programm (Mindfulness-based stress reduction). Im MBSR ist der sogenannte Body-scan 45 Minuten lang und wird in den ersten beiden Wochen jeden Tag geübt. Ich habe dir hier eine kürzere Form des Körperscannens aufgeschrieben, die etwa eine halbe Stunde dauert. Sie basiert auf einer Anleitung des Meditationsforschers und MBSR-Lehrers Prof. Ulrich Ott. Die lange Form des Bodyscans findest du problemlos zum Download im Internet.

Ob 30 oder 45 Minuten – die investierte Zeit lohnt auf jeden Fall! Beim kleinschrittig wahrnehmenden »Abtasten« des Körpers kannst du in einen tiefen Kontakt mit dir selbst kommen. Bei meinen Klienten habe ich gute Erfahrungen damit gemacht, dass sie die von mir aufgesprochene Übungsanleitung jeden Tag zu einer bestimmten Zeit am Anfang oder Ende des Tages anhören und daraus eine feste Verabredung mit sich selbst machen.

Den folgenden Anleitungstext des kürzeren Bodyscans kannst du zur Vergegenwärtigung des Übungsablaufs nutzen oder um einen Teil der Übung nachzulesen. Am Ende des Buches findest du einen Downloadlink für die von mir aufgesprochene Übungsanleitung. Du kannst dir natürlich deine Anleitung auch selbst aufsprechen mit Pausen in der Länge, die für dich stimmig sind.

Die Schritte

Nimm eine angenehme Körperhaltung ein.
Du kannst sitzen oder liegen.
Nimm zunächst deinen Körper als Ganzes wahr, wie er sich in dieser Position anfühlt.
An welchen Stellen berührt dein Körper den Boden?

Nun wende dich deinem Atem zu.
Wo im Körper kannst du überall Atembewegungen spüren?
Im Bauch? Wo sich die Bauchdecke hebt und senkt?
In der Brust? Wo sich das Brustbein hebt und senkt?

Im Naseneingang? Wo beim Einatmen ein Luftstrom entlangstreicht?
Nimm deinen Körper als Ganzes wahr in dieser Körperhaltung, wie er atmet.
Lasse mit jeder Ausatmung mehr los.
Entspanne deinen Körper und bleibe zugleich ganz wach.

Wenn du jetzt gleich deine Aufmerksamkeit auf bestimmte Regionen deines Körpers lenkst, dann tue das liebevoll. Mit Interesse und Akzeptanz. Bewerte nicht, was du wahrnimmst. Denke nicht darüber nach. Sondern bleibe bei den Empfindungen, die von Moment zu Moment in deinem Körper wahrnehmbar sind.

Richte deine Aufmerksamkeit nun auf den linken Fuß.
Auf die Zehen des linken Fußes.
Nimm den großen Zeh wahr, ohne ihn zu bewegen. Dann wandere vom großen Zeh zum kleinen Zeh, Zeh für Zeh. Versuche, jeden einzelnen Zeh zu spüren. Auch die Zwischenräume zwischen den Zehen.
Von den Zehen aus gehe nun mit deiner Aufmerksamkeit über die Ballen, an der Fußunterseite entlang über den Mittelfuß zur Ferse.
Anschließend gehe an der Oberseite der Zehen über den Fußrücken zum Fußgelenk und dem Knöchel.
Dann nimm noch einmal den Fuß als Ganzes wahr, von den Zehenspitzen bis zur Ferse.

Wandere nun mit der Aufmerksamkeit langsam Stück für Stück vom Fußgelenk den Unterschenkel hinauf, am Schienbeine entlang und die Wade hinauf, bis du zum Knie kommst.
Nimm die Kniescheibe wahr, die seitlichen Bereiche des Knies und die Kniekehle.
Dann wandere weiter den Oberschenkel hinauf, bis zur Leiste auf der Innenseite und bis zur linken Hüfte auf der Außenseite.
Zum Abschluss nimm nochmal das gesamte linke Bein von den Zehen über die Ferse und das Knie bis zum Oberschenkel wahr.
Dann löse die Aufmerksamkeit vom linken Bein und wechsle hinüber auf die rechte Seite.

Beginne mit den Zehen des rechten Fußes; dem großen Zeh, dem zweiten Zeh und so weiter bis zum kleinen Zeh. Die Zehen wahrnehmen und die Zwischenräume zwischen den Zehen.
Dann über die Fußunterseite, die Ballen, den Mittelfuß und die Ferse.
Und anschließend auf der Oberseite über den Fußrücken zum Fußgelenk und dem Knöchel.
Nimm noch einmal den ganzen Fuß wahr, von den Fußzehen bis zur Ferse.
Gehe dann vom Knöchel aus langsam Stück für Stück den Unterschenkel aufwärts. Am Schienbein entlang zum Knie und auch an der Wade entlang hinauf bis zum Knie.
Spüre die Kniescheibe, die seitlichen Bereiche des Knies und die Kniekehle.
Dann wandere weiter den Oberschenkel hinauf, zur Leiste auf der Innenseite und zur Hüfte auf der Außenseite.
Nimm nun zum Abschluss das gesamte rechte Bein wahr, von den Zehenspitzen über die Ferse und das Knie bis hinauf zur Leiste und Hüfte.

Gehe nun weiter in die Beckenregion. Spüre beide Hüften auf der Außenseite und die Leisten auf der Innenseite.
Nimm die Empfindungen im Bereich der Genitalien und im Gesäß wahr.
Dann wandere mit der Aufmerksamkeit den unteren Rücken hinauf, am Steißbein vorbei und der Kreuzbeinplatte in den Bereich der Lendenwirbelsäule.
Gehe mit der Aufmerksamkeit etwas höher in den Bauchbereich.
Spüre die Seitenbereiche deines Rumpfes bis hin zu den Rippenbögen.
Nimm deinen oberen Rumpf wahr; den Brustkorb, den Bereich von Herz und Lungen, Brüste und Schlüsselbein.
Und dann gehe zum oberen Rückenbereich; zu den Schulterblättern bis hinauf zu den Schultern.
Nimm noch einmal deinen gesamten Rumpf über den Bauch und Brustraum bis hinauf zu den Schultern wahr.

Richte deine Aufmerksamkeit nun auf die linke Hand, auf die Finger: den Daumen, Zeigefinger, Mittelfinger, Ringfinger, bis zum kleinen Finger. Nimm jeden einzelnen Finger wahr, ohne ihn zu bewegen. Lediglich die Empfindungen wahrnehmen, die da sind.
Spüre die Handinnenfläche und den Handrücken.
Das Handgelenk.

Und wandere dann am linken Arm hinauf, den Unterarm entlang zum Ellenbogen und dann weiter zum Oberarm, bis zur Achsel und der Schulter.
Nimm deinen linken Arm von den Fingerspitzen bis hinauf zur Schulter als Ganzes wahr.
Wechsle nun auf die rechte Seite.
Spüre die rechte Hand, die Finger vom Daumen bis hin zum kleinen Finger.
Die Handinnenfläche und den Handrücken.
Das Handgelenk.
Wandere nun vom Handgelenk aus Stück für Stück den Arm hinauf. Zunächst den Unterarm entlang bis zum Ellenbogen. Und dann weiter den Oberarm hinauf bis zur Achsel und der Schulter.
Spüren den gesamten rechten Arm von den Fingerspitzen bis zur Schulter als Ganzes.

Gehe von den Schultern aus in die Mitte, in den Bereich von Hals und Nacken.
Dann an der Vorderseite des Halses hinauf zum Gesicht und Kopf.
Nimm das Kinn und den Unterkiefer wahr, die Lippen und die Mundhöhle mit den Zähnen und der Zunge.
Den Oberkiefer, die Nase, und die Wangen.
Dann wandere weiter zu den Augen, spüren die Augenlider, die Augenbrauen und die Stirn.
Und gehe von der Stirn aus seitlich über die Schläfen zu den Ohren.
An den Ohren gehe weiter nach hinten zum Hinterkopf und von dort aus nach oben, um die ganze Kopfhaut wahrzunehmen und die Schädeldecke bis hin zum Scheitelpunkt.
Nimm dann noch einmal deinen Kopf und dein Gesicht insgesamt wahr.

Gehe noch einmal im Schnelldurchlauf von den Zehen und Fußsohlen die Beine hinauf zum Rumpf. Die Hände und Arme hinauf zu den Schultern. Hals und Nacken hinauf zu Gesicht und Kopf, bis hin zum Scheitelpunkt.
Nimm nun deinen Körper noch einmal, wie zu Beginn, als Ganzes wahr, wie er atmet. Genieße die Entspannung, Ruhe und Stille in deinem Körper.
Bleibe noch eine Weile in diesem Zustand ganz bei dir.
Ganz in dir selbst zu Hause.
Beende die Übung, indem du etwas tiefer ein und ausatmest, die Finger bewegst, die Arme anwinkelst, dich reckst und streckst.

TIPPS

Das Körperscannen ruft oft Abwehrreaktionen auf den Plan, weil es uns in vieler Hinsicht »gegen den Strich« geht. Daher empfehle ich dir, das folgende Kapitel *WO IST DAS PROBLEM? Hindernisse auf dem Weg bewältigen* zu Rate zu ziehen, wann immer du das Gefühl hast, dass du in der Übung feststeckst oder sie gar nicht erst angehen willst.

WARUM DIESE ÜBUNG?

Das Körperscannen vertieft die Beziehung von Körper und Geist. Die Ausstrahlung, die du so gewinnst, unterstützt enorm deine Pferdearbeit. Du schulst durch das Körperscannen weiterhin die Fähigkeit, deine Aufmerksamkeit selbstbestimmt zu steuern. Davon profitierst du auch in Schule, Studium oder Beruf, weil du dich einfach besser und länger konzentrieren kannst.

ACHTSAMKEIT AM PFERD

Was ist für dich der stärkere Fokuspunkt, um ganz im Hier und Jetzt, bei dir und beim Pferd anzukommen und zu bleiben: Atem oder Körper?
Körper-Anker
Die Körperwahrnehmung ist der zweite mögliche Anker für das »Umschalten« in die innere Ruhe. Du kannst neben dem Atem auch bestimmte Bereiche des Körpers nutzen, etwa das Spüren deiner Fußsohlen und ihres Kontakts zum Boden, um auf die Innenwahrnehmung umzuschalten und da zu bleiben. Frage dich: Wie fühlt sich jetzt die Kontaktfläche zwischen meinen Fußsohlen und dem Boden an? Spüre tief dort hinein und bleibe in der aufmerksamen Wahrnehmung dessen, was dir von dort entgegenkommt.

Abgesehen von diesem konkreten Anwendungsbereich ist es immer eine spannende Erfahrung, wie das Pferd auf uns reagiert, wenn wir in eine tiefe Selbstwahrnehmung gehen.
Dafür gibt es einige Voraussetzungen: Du solltest im Körperscannen routiniert genug sein, dass du es ohne aufgesprochene Anleitung und mit halboffenen Augen durchführen kannst. Oder dich von jemandem dabei anleiten lassen, der mit dem Ablauf der Übung vertraut ist, denn du musst immer ein Auge oder Ohr auf deinem Pferd haben. In der Regel docken die Pferde gleich an und gehen selber tief; so können sie dich unglaublich dabei unterstützen, Richtung »Grund des Ozeans« zu kommen. Aber als Fluchttier können sie natürlich auch immer mal erschrecken und sich sonst wie auf eine unvorhergesehene Weise verhalten.

Aus dem gleichen Grund würde ich dir nicht empfehlen, inmitten einer Herde nach innen abzutauchen, ohne dass jemand dabei ist, der für dich den »Wächter« macht. Und es sollte sich auch um immer eine Herde handeln, die gut integriert ist. In der also nicht plötzlich irgendwelche aggressiven Rangeleien ausbrechen.

Im besten Fall trägt das Pferd dich durch seine Präsenz in ein tiefes Fühlen, in dem keine Ablenkungen mehr deinen Geist unruhig machen. Du bekommst einen Geschmack vom Zustand der Gegenwärtigkeit, über den wir im Vertiefen sprechen.

WO IST DAS PROBLEM?
Hindernisse auf dem Weg bewältigen

Du hast jetzt schon einige Erfahrungen mit den Achtsamkeitsübungen gemacht. Damit bist du auch an einige der Stolpersteine gekommen, die diesen Weg behindern und sogar unterbrechen können. Und die ganz typischerweise jedem begegnen, der sich auf den Weg nach innen macht. Lass uns einige dieser Hindernisse gemeinsam betrachten:

Die Übung abwerten, bevor du überhaupt begonnen hast

»Das ist ja total blöd«, »Was soll das denn?«, »So ein Schwachsinn«, »Dafür ist mir meine Zeit zu schade«. Wenn du bislang keine Berührung mit irgendeiner inneren Praxis hast, können dir die hier vorgestellten Übungen langweilig erscheinen. Das ist normal. Denn sie bedeuten für unser gestresstes »Monkey-Mind« eine Kehrtwende um 180 Grad. Auf einmal sollen wir nicht mehr dem Geplapper in unserem Kopf folgen? Uns still hinsetzen? Uns dabei die ganze Zeit wahrnehmen? Und noch nicht mal einen unmittelbaren Nutzen davon haben?

Was kann dich motivieren, die Übung trotzdem zu machen? Schau dir die Bilder in diesem Buch an. Versuche die tiefe Ruhe, die auf vielen von ihnen zwischen Mensch und Pferd spürbar ist, aufzunehmen. So tief kannst auch du mit deinem Pferd verbunden sein. Wenn du bereit bist, nach innen zu gehen.

Mache dir auch bewusst, wie viele positive Auswirkungen die Achtsamkeitspraxis auf dich, dein Gehirn, dein ganzes Leben hat. Ich habe dir am Ende dieses Kapitels nochmal einige dokumentierte Wirkungen von Achtsamkeitspraxis aufgelistet.

Und schließlich mache dir bewusst, dass auch das Reitenlernen gerade zu Anfang ein langsamer und mühevoller Weg war, den du erfolgreich gemeistert hast. Warum sollte dir mit der Achtsamkeitspraxis nicht dasselbe gelingen?

Innere Unruhe und Langeweile

15, 30 oder sogar 45 Minuten irgendwo still sitzen oder liegen und die innere Aufmerksamkeit unablässig auf den Körper oder Atem richten – in einer Zeit und Gesellschaft, in der News, Trends, Sensationen immer schneller wechseln und auf uns einprasseln, scheint das viel verlangt. Also macht unser Geist sich immer wieder selbständig, wandert hierhin und dahin, um nur nicht zurück zu dieser blöden Atem- oder Körperwahrnehmung zu müssen. Wie viel spannender, sich zu fragen, was ich mir heute zum Abendessen mache. Ob das neue Barepackpad vielleicht morgen schon in der Post ist. Oder ob der Timer vielleicht kaputt ist, denn die Zeit müsste doch schon längst um sein. Oder, oder, oder …

Was kann dich motivieren, die Übung trotzdem zu machen? Stell dir vor, du bist in einem Fitnessstudio und machst Hanteltraining. Die Frage, ob das Spaß macht oder ob du heute Lust hast, stellt sich nicht. Denn du hast ein Ziel, was du verfolgst: Du trainierst, um Muskelmasse aufzubauen. Und du weißt, dass dir das nur gelingt, wenn du es regelmäßig tust. Klar kann ein Blick in den Spiegel nach ein paar Wochen konsequenten Trainings auch schon einen wohlgeformten Bizeps zeigen. Aber letztlich tust du einfach, was du tust. So ist es auch mit den Achtsamkeitsübungen: Du trainierst deinen Geist. Seine Fähigkeit, sich auszurichten und gesammelt da zu bleiben. Du baust graue Masse in deinem präfrontalen Kortex auf. Nicht mehr und nicht weniger als das. Tu es!

Einschlafen während der Übung

Das Einschlafen gerade während des Körperscannens, das oft im Liegen durchgeführt wird, kann viele Ursachen haben. Schlafdefizit? Unpassende Übungszeit? Ausgebranntsein? Oder eine Art mentaler Abwehr? Was auch immer es ist, als erstes solltest du akzeptieren, dass es jetzt so ist. Du schläfst ein. Und im zweiten Schritt suchen wir nach einer Lösung. Wie ist es, morgens zu meditieren? Da ist der Geist ohnehin ruhiger. Oder im Sitzen? Wenn dein Körper Schlaf braucht, solltest du ihm den natürlich geben. Und ansonsten deine Schläfrigkeit wie eine weitere dieser Wolken am inneren Himmel betrachten, die kommen und gehen.

Aufkommen von unangenehmen Gefühlen während der Übung

Wir haben schon darüber gesprochen, dass Gedanken, Gefühle und (störende) Körperempfindungen sich immer wieder versuchen werden, zwischen dich und den Gegenstand deiner Wahrnehmung zu schieben, sei dies Atem oder Körper. In der Achtsamkeitstradition nennen wir das den ruhelosen Affengeist. Und auch wenn du gelernt hast, nicht auf

Inhalte einzusteigen, können sie dich manchmal so überwältigen, dass du nicht daran vorbeikommst.

Bohrende Schmerzen in der Schulter, das Gefühl, der untere Rücken bricht gleich auseinander, unerträgliche innere Anspannung oder tiefe Traurigkeit – die Achtsamkeitspraxis ist wie ein inneres Großreinemachen. Vieles, was wir im Alltag einfach wegschieben oder verdrängen, kommt in der beständigen Ausrichtung der Wahrnehmung auf Atem und Körper zum Vorschein. Da würden wir natürlich die Übung am liebsten abbrechen und nie wieder nach innen in diese Gruselkammer schauen. Aber bringt's das wirklich? Dein Pferd mit seiner feinen Wahrnehmung bekommt all diese inneren Spannungen jedenfalls mit und reagiert entsprechend auf dich.

Was kann dich motivieren, die Übung trotzdem zu machen? Das Erstaunliche ist, dass die allermeisten dieser massiven Gefühle und Körperempfindungen wie weggeblasen sind, sobald du die Übung beendest. Das ist ein sicheres Zeichen dafür, dass es nicht an deiner Körperhaltung oder der zu harten Unterlage liegt, wenn du meinst, es vor Schmerz kaum aushalten zu können (was im Übrigen auch nur eine subjektive Bewertung ist).

Führe dir nochmal das Bild vom Tauchen auf den Grund des Ozeans vor Augen. Wir müssen auf diesem Weg durch eine Schicht durch, in der eine Menge Plastikmüll schwimmt. Achtlos entsorgtes Zeug, mit dem wir nun die Umwelt verschmutzen. So ist es auch mit unserem inneren »Müll«. Jetzt hast du die Chance, ihn fachgerecht zu entsorgen, anstatt ihn woanders hin zu verschieben, wo er dir bei nächster Gelegenheit wieder entgegenkommt.

Wenn du schmerzlichen Empfindungen und Gefühlen begegnen und sie freundlich annehmen kannst als einen Teil, der eben auch zu dir gehört, erlebst du, dass deine Erfahrung sich plötzlich verändert: das Gefühl mag immer noch unangenehm sein, aber es ruft in dir nicht mehr einen Sturm des Widerstands hervor. Du fühlst dich nicht mehr hilflos ausgeliefert und leidest darunter. Es gibt plötzlich einen inneren Spielraum, in dem du deine Reaktion auf das Gefühl selbst bestimmen kannst. Du gewinnst ein Stück innere Freiheit.

Sollte etwas tatsächlich mal die Grenze des Aushaltbaren überschreiten, ist es total in Ordnung, den Fokus zu verschieben; zum Beispiel auf das Kommen und Gehen des Atems. Dadurch tritt meistens von alleine eine Beruhigung ein. Manche Dinge müssen wir eben Stückchen für Stückchen abtragen.

Das waren ein paar der häufigsten Hindernisse, die jedem irgendwann auf dem Weg der Achtsamkeit begegnen. Ich kann sie dir nicht schönreden, aber ich kann dir aus eigener Erfahrung versichern, dass man da durchgehen kann. Und dass man am anderen Ende mit einem beträchtlichen Zuwachs an Selbsterkenntnis und Selbsterfahrung rauskommt.

Lass dich von irgendwelchen aufkommenden Gedanken, Gefühlen und Empfindungen also nicht aus dem Sattel reißen. Du hast bis hierhin genug verstanden, um sie wie Wolken an deinem inneren Himmel vorbeiziehen zu lassen. Dich nicht mit ihnen zu identifizieren und nicht inhaltlich in sie einzusteigen.

Bleibe im Beobachter. Oder atme einfach in die störenden Gefühle, Gedanken und Körperempfindungen hinein. Beim Ausatmen lässt du sie gehen.

Lass dich motivieren von dem stillen Zauber, der auf dich wartet: Zusammen mit deinem Pferd am Grund des Ozeans zu verweilen.

Je mehr Zeit du investierst, desto leichter wird die Übung. Je mehr graue Masse du in den Bereichen deines Gehirns aufbaust, die für Körperintuition, Aufmerksamkeit, Konzentration, emotionale Selbstregulation und Entscheidungsfähigkeit zuständig sind, desto mehr Spaß fangen die Übungen an, dir zu machen. Du fängst an zu ernten.

Zur Motivation schreibe ich dir hier die dokumentierten Wirkungen von regelmäßiger Achtsamkeitsübung auf:

- Verbesserte Aufmerksamkeits- und Konzentrationsfähigkeit (auch bei ADHS)
- Verbesserung der Gedächtnisleistung
- Verbesserte (emotionale) Selbstregulation
- Insgesamt erhöhte Selbstwirksamkeit und Widerstandsfähigkeit (Resilienz)
- Verbesserter Schlaf
- Verbesserte Stress- und Frustrationstoleranz (schnellerer Cortisol-Abbau)
- Verbessertes Körpergefühl
- Fähigkeit, sich selbst zu beruhigen und zu entspannen
- Erhöhte Empathiefähigkeit (auch gegenüber sich selbst)
- Verbesserte Leistungsfähigkeit des Immunsystems (Antikörper-Produktion)
- Erhöhte Konfliktfähigkeit
- Gesteigerte Beziehungsfähigkeit in Freizeit, Beruf und Familie

DIE VERTIEFUNG:
Reine Gegenwärtigkeit am Pferd

Ich will dir nicht vormachen, dass man in ein paar Wochen oder Monaten einen stabilen Zustand von Gegenwärtigkeit erreichen kann. Ich selbst praktiziere jetzt seit fünfundzwanzig Jahren Meditation, die Tiefen und Höhen des Wegs nach innen sind mir gut bekannt. Umso erstaunter war ich, als ich vor fünf Jahren eine Erfahrung machte, die meine Sicht radikal verändert hat.

Ich hatte auf dem Hof, wo ich damals mit meiner Stute stand, für die Teilnehmerinnen einer Achtsamkeitsgruppe meiner psychotherapeutischen Praxis einen Achtsamkeitstag am Partner Pferd organisiert. Alle, bis auf eine, hatten keine oder sehr weit zurückliegende Vorerfahrungen mit Pferden. Und keine hatte nennenswerte Meditationserfahrungen.

Meine Idee war, jeder der fünf Frauen ein Pferd an die Seite zu stellen, das sie durch den Tag begleiten würde und mit dem sie dann zum Abschluss einen Spaziergang in der Natur machen sollte.

Nachdem in der Herde jede »ihr Pferd« gefunden hatte, lud ich die Teilnehmerinnen zu einer Körperwahrnehmungsübung in die Halle ein, die Pferde hatten wir kurzerhand frei darin laufen lassen.

Wir stellten uns in einem großen Kreis in der Hallenmitte auf und ich begann, die Übung anzuleiten.

Während der Anleitung bemerkte ich, dass die Pferde sich in einem äußeren Kreis um uns gruppierten und still dastanden. Ich erinnere mich, zu den Teilnehmerinnen scherzhaft zu sagen: »Die Pferde haben sich anscheinend entschlossen, mit uns zu meditieren.« Dann fuhr ich mit meiner Anleitung fort.

Nach ca. 20 Minuten bat ich jede der Frauen, mit dem entspannten und ruhigen Gefühl, in dem sie nun war, vor ihr Pferd hinzutreten und es aus diesem Gefühl heraus zu kontaktieren.

Die Teilnehmerinnen taten, wie geheißen, und keine zwei Minuten später ging ein Pferd in die Knie. Ich dachte kurz: »Mist, der will sich wälzen«, aber keineswegs. Der Wallach blieb liegen und ich raunte der Frau zu: »Knie dich vor ihn hin und mach weiter.« Schon ging das nächste Pferd in die Knie, und das nächste, bis alle fünf Pferde in der Halle lagen und die Frauen vor ihnen knieten und weiter in der stillen Verbindung blieben.

Die Atmosphäre hatte sich plötzlich verändert. Über der Halle lag eine Stille, die so dicht war, dass man sie fast mit Händen greifen konnte.

Und sie hielt an. 10 Minuten, 15 Minuten, 20 Minuten. Pferd und Mensch verharrten regungslos. Schließlich war es Zeit, zum Mittagessen zu gehen, das für uns vorbereitet war. Ich berührte die einzelnen Frauen sanft an der Schulter, um sie wieder in die Außenwahrnehmung zurückzuholen. Da bemerkte ich erst, wie tief sie gekommen waren. In der anschließenden Besprechung teilten sie Gefühle von absoluter Stille, Klarheit und Wachheit, Gedankenfreiheit und tiefem Frieden.

Seit diesem Tag bin ich überzeugt, dass Pferde für uns eine Art Expressfahrstuhl in einen Zustand sein können, der sonst nur durch lange Jahre stetiger Meditation zu erreichen ist. Ein Zustand, in dem es keinen Beobachter mehr gibt und kein Beobachtetes, keine Gedanken, keine Gefühle. Es gibt keine physische Körperwahrnehmung mehr und sogar der Atem stellt sich fast ein. Es gibt nur DA-SEINS-PRÄSENZ, die wir mit dem Pferd teilen. Am Grund des Ozeans ist nur noch Gegenwärtigkeit.

Was brauchst du, um in diesen Raum einzutreten? Die Fähigkeit, dich zu disidentifizieren. Ein Gefühl dafür, dich in der Wahrnehmung von Atem und Körper als Ganzes zu verankern. Und ein Pferd.

Lege deine Achtsamkeit am Partner Pferd in eine Zeit, in der dein Pferd ohnehin eine Ruhephase hat. Also vielleicht nach der Weide oder um die Mittagszeit. Hier gibt es keine großen Übungen mehr, nur noch Impulse. Der Rest geschieht von alleine.

An der Natur deines Gewahrseins kannst du ablesen, wie tief du bist. Sind da noch zwei, Beobachter und Beobachtetes, oder ist da nur noch eins? Ist da noch Gewahrsein von etwas oder nur noch reines Gewahrsein?

An diesem Punkt schaltest du wirklich um. In den Gewahrseinsraum, den du mit deinem Pferd teilst. Mehr ist nicht zu tun.

Es ist schön, wenn das Pferd Platz hat, sich zu bewegen und seine Position in Bezug zu dir frei zu wählen.

Dann fange einfach an.

Gegenwärtig-Sein

Mit einem tiefen Ausatmen lasse alles los, was du jetzt
an Gedanken, Gefühlen und Empfindungen in dir trägst.
Stelle dich still neben dein Pferd in einen Abstand und eine
Position, die ihm angenehm ist. Du siehst an seinen Ohren,
ob es in deiner Nähe entspannt bleibt.

Wende deinen Blick von allem ab und mache ihn weich.
Schaue mit offenen Augen nach innen.
Fühle dich von innen, deinen Körper und Atem, und
entspanne dich in diese Wahrnehmung hinein.
Dann fühlst du zu deinem Pferd hin.
Spüre weiter tief in deinen Körper hinein und zugleich
in den Raum zwischen dir und dem Pferd.
Du fühlst dich, du fühlst das Pferd und lässt das Pferd
dich fühlen. Und dann bist du plötzlich drin.

Es ist, als öffne sich eine unsichtbare Tür, dein Körper
beginnt vielleicht auf sanfte Weise zu kribbeln und du
tauchst mit deinem Pferd ein in einen Raum, in dem alles
ganz leicht ist. In dem sich auch dein Körper vollkommen
leicht anfühlt.

Du bist einfach DA. Und weißt dich in einer unglaublich
tiefen Verbundenheit zu deinem Pferd und zu allem um
euch herum.
Es ist Ruhe. Es ist Frieden, Liebe und Harmonie.
Einfach nur Da-Sein.
Bleibe darin, solange du magst.
Wenn du deine Aufmerksamkeit wieder auf die Außenwelt
richtest, nimmst du etwas von der unglaublichen Leichtig-
keit und Ruhe, die du gerade gespürt hast, mit dir.

Selbstmanagement: Sich in die richtige Arbeitsverfassung bringen

1. **Check: Wie entspannt bin ich jetzt?**
   Bei mir selbst einloggen, bevor ich zum
   Pferd gehe: *Etiketten-Übung*

2. **Check: Wie kann ich am besten runterkommen?**
   Mich kurz entspannen: *Atemzüge zählen*
   Mich tiefer entspannen: *Atem beobachten*
   Troubleshooting: *Beobachtersatz-Übung*

3. **Check: Bin ich jetzt innerlich ruhig?**
   Dem Pferd meine innere Ruhe anbieten:
   Atem-Anker oder *Körper-Anker*

4. **Check: Kann ich tiefer gehen?**
   Mich fühlen, das Pferd fühlen, das Pferd mich
   fühlen lassen: *Gegenwärtig-Sein*

Die Praxis am Pferd

Vielleicht hast du das Buch erst an dieser Stelle aufgeschlagen, weil du keine Lust hast auf die ganze »Theorie«, weil du endlich was machen willst, am liebsten gleich Freiarbeit. Dann muss ich dir leider sagen, dass das nicht funktionieren wird.

Der Dreh- und Angelpunkt aller folgenden Übungen ist deine innere Haltung, wie wir sie im *Geist des Pferdes* beschrieben haben und wie du sie in der *Praxis des Menschen* einüben konntest. Die »Feine Sprache« ist in erster Linie eine Beziehungssprache. Und das muss von innen heraus wachsen.

Das Bewusstsein dafür, dass bestimmte Dinge ihre Zeit brauchen, um sich zu entwickeln, ist in der heutigen Zeit nicht sehr populär. Jeder will schnell irgendetwas »machen« und es soll sofort funktionieren. Dagegen setze ich die alte Vorstellung von Handwerk, eines Lernens durch Handeln. Es stimmt schon, dass es auf dem Weg, den wir hier zeigen, verhältnismäßig schnell geht, eine gute Beziehung zum Pferd zu bekommen. Trotzdem ist es ein Erfahrungsweg, und der Mensch muss sich mit entwickeln, sonst geht es nicht.

Vielleicht fragst du dich aber auch, warum es in diesem Buch überhaupt Übungen gibt, denn wir haben ja bisher immer davon gesprochen, dass es vor allem um die Beziehung zum Pferd geht, und dass sich daraus alles weitere ergibt. Das stimmt für mich. Aber noch nicht für dich.

Erst wenn du die Übungen mit dem nötigen Gefühl dazu verinnerlicht hast, kannst du die äußere Form loslassen. Dann sprichst du mit dem Pferd in einer feinen Sprache so fließend und natürlich wie in deiner Muttersprache. Vorher sind es »nur« Übungen. Doch du brauchst am Anfang Übungen, um hinterher keine mehr zu brauchen. Macht das Sinn?

Man kann es vergleichen mit dem Autofahrenlernen. Solange du die Fahrschule besuchst, bist du noch nicht der Autofahrer. Du bist jemand, der ein Programm abspult, das er im Kopf hat: Kuppeln, Schalten, Gas geben etc. Fängst du aber irgendwann an, dich beim Autofahren mit Leuten zu unterhalten, während du das Radio bedienst, BIST du der Autofahrer. Du hast das Autofahren verinnerlicht und fließt mit der Situation mit, wie sie sich gerade entwickeln mag, ohne darüber nachzudenken.

In meinen Kursen sehe ich immer wieder, dass die Leute erstmal etwas machen müssen, um ins Fühlen zu kommen. Ich gebe ihnen zuerst eine Art Gerüst oder einen Handlungsleitfaden. Ich sage: »Geh mal mit dem Pferd von A nach B und bleib stehen, lass dein Pferd stehen und geh weiter.« Einfach eine Anleitung, damit sie erstmal ins Gefühl kommen. Das sind die folgenden Übungen.

Wenn sie dann entdecken, wie »anders« es sich anfühlt, wenn sie erstmal Zugang zum Pferd haben, wenn sich dieser Raum voller Möglichkeiten für sie geöffnet hat, dann lasse ich meine Schüler mehr selbst machen und ausprobieren. Dein Gefühl während einer Interaktion mit dem Pferd ist am Ende dein bester Lehrer.

Die gesamte Praxis am Pferd, egal welche Übung wir machen, folgt immer demselben Prinzip:
1. Die vertrauensvolle Verbindung zum Pferd vertiefen.
2. Eine Aufgabe ans Pferd stellen.
3. Sie gemeinsam lösen und den Dialog mit dem Pferd suchen in allem, was man erreichen will.

DER EINSTIEG:
So wenig wie möglich

Sofern du nicht frei arbeitest, werden alle Übungen der »Feinen Sprache« am einfachen Stallhalfter mit normal langem Führstrick durchgeführt. Meistens fassen wir den Führstrick ganz am Ende an. Es ist hilfreich, wenn du dir ans Ende des Stricks einen Knoten machst, so dass er dir nicht aus der Hand rutschen kann. Du hältst die Strickhand immer locker und benutzt den Strick nie dazu, Zug oder Impulse auf den Pferdekopf zu geben, so dass dort nie eine Spannung entsteht.

Die Hilfen, die wir in der Kommunikation mit dem Pferd benutzen, sind Körper, Gerte, Strick. Und zwar genau in dieser Reihenfolge. Das ist wichtig, weil ja alle Übungen auf die Freiarbeit ausgerichtet sind.

Das Pferd sollte immer zuerst an deiner Körpersprache erkennen, was du ihm sagen willst. Die Gerte dient bei Bedarf als dein verlängerter Arm. Bei den Übungen reicht eine normale Dressurgerte.

Nur wenn das Pferd dich am Anfang gar nicht versteht, benutzt du den Strick, um ihm in die gewünschte Bewegungsrichtung zu helfen.

Eine Besonderheit der »Feinen Sprache« ist, dass das Pferd lernt, auf die Gerte zuzugehen, anstatt ihr zu weichen. Es versteht: Wenn ich mich in das Antippen hinein bewege, hört es auf.

Im Folgenden zeigen wir dir mit dem *Ritual des Anfangs,* dem *Loben mit der Pause* und dem *Führen* den Einstieg in die »Feine Sprache«. Diese drei Übugen sind auch dein täglicher Einstieg in die Arbeit mit deinem Pferd; sozusagen dein täglich Brot. Schließlich sind diese drei Übungen dein täglicher Einstieg in eine tiefe Beziehung zu deinem Pferd und zu dir selbst.

Echten Zugang finden: Das Ritual des Anfangs

Zu Beginn jedes Kontakts mit deinem Pferd solltest du einige Punkte beachten, um einen echten Zugang zu ihm zu finden. Wir hatten im *Geist des Pferdes* schon ausführlich darüber gesprochen. Du wirst sehen, dass dir dieses Ritual des Anfangs schnell zur zweiten Natur wird, wann immer du deinem Pferd begegnest. Weil es zu hundert Prozent der ersten Natur deines Pferdes entspricht. Auf unseren Fotos führt Stefan das Ritual des Anfangs auf dem Andalusiergestüt Smirr mit dem dreijährigen PRE-Hengst Risueño durch, der zum ersten Mal aus seiner freien Herdenaufzucht in den Stall geholt wurde.

In der zweiten Fotoserie begegnet er einer Stute mit Fohlen auf den Weiden von Smirr, wo die Pferde das ganze Jahr im natürlichen Herdenverband auf riesengroßen Flächen leben.

Die Schritte

Selbst beziehungsfähig werden

Vor jedem Pferdekontakt nimmst du kurz dein Inneres wahr und bringst dich in einen Zustand, in welchem du dich für das Pferd wie ein echter Partner anfühlst. In der *Praxis des Menschen* findest du Anleitungen und Tipps dazu.

Im Fernbereich: Liebevolle Entspannung vermitteln

Wann immer dich dein Pferd an diesem Tag zuerst wahrnimmt, sei es am Ende der Stallgasse oder auf der Weide, egal aus welcher Entfernung, checkt es dich sofort aus: Wie fühlst du dich heute an? Für dich ist es in diesem Moment das einzige Pferd auf der ganzen Welt. Mit dem, was du ihm jetzt über dein Haltung und Ausstrahlung vermittelst, öffnet sich die Tür zu eurer Beziehung. Nutze diesen Moment!

Im Nahbereich: Souveräne Führung anbieten

Wenn du im unmittelbaren Einwirkungsbereich deines Pferdes angekommen bist, verlange erst mal gar nichts. Lasse es dich fühlen. Richtig fühlen. Biete ihm einfach deine innere Ruhe an. Es gibt nichts zu tun.

Dann bewege dich kurz, lehne dich mit deinem Kopf etwas in den Pferdekopf hinein, um zu sehen: Wer bewegt wen? Nimmt es meine Bewegung an? Es ist nur eine kurze Anfrage, wie sie Pferde jedes Mal untereinander stellen, wenn sie sich begegnen. Du sagst ihm damit: Ich kann dich souverän führen. Wenn das Pferd deinem Kopf mit seinem Kopf auch nur minimal ausweicht, hörst du sofort mit deiner Bewegung auf. Sonst schlägt deine Anfrage ins Druckmachen um, und das Pferd bekommt Stress. Mit seinem Ausweichen zeigt dir dein Pferd, dass es deine Führung akzeptiert.

A1 Bevor ich mich dem Pferd annähere, bringe ich mich selbst in einen Zustand entspannter Wachheit, um für das Pferd beziehungsfähig zu werden.

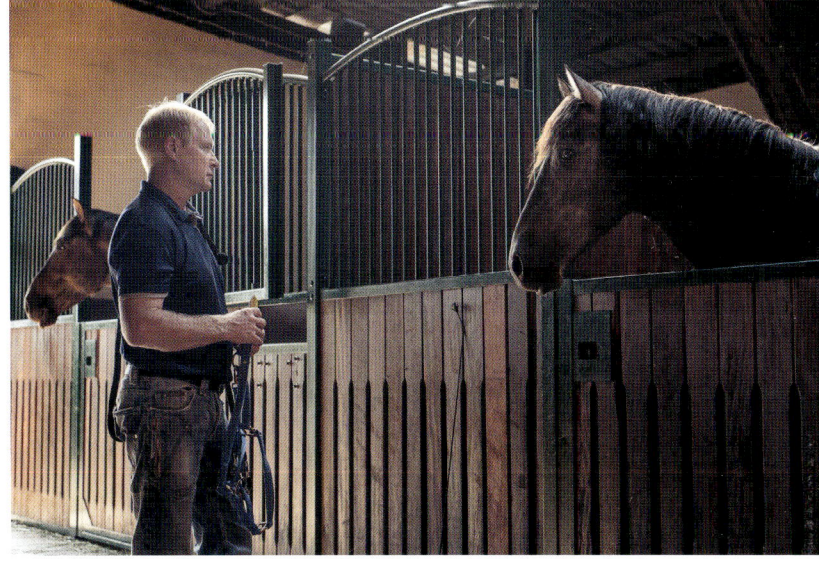

A2 Ich lasse das Pferd mich bewusst spüren, während es mich »scannt«: Fühlst du dich für mich gut an?

A3 Im Nahbereich des Pferdes berühre ich mit meinem Kopf den Pferdekopf und drücke sanft dagegen, um zu prüfen, ob das Pferd nachgibt: Bewegst du dich, wenn ich mich bewege?

B1 Bevor die Pferde mich entdecken, spüre ich in mich hinein und gehe in einen entspannten Zustand, in dem ich mich für das Pferd wie ein echter Partner anfühle.

B2 Sobald es mich wahrnimmt, checkt mich das Pferd aus: Wie fühlst du dich heute an?

B3 Das Pferd kommt von allein auf mich zu, weil ich mich schon aus der Ferne gut anfühle.

TIPPS

Hast du länger mit einem Pferd zu tun, versucht es auch schon mal herauszufinden: Was passiert denn, wenn ich das jetzt nicht mache? Wenn ich mal meinen Kopf durchsetze? Das Pferd wird uns immer wieder anfragen. Das ist seine Aufgabe als Pferd, immer wieder zu überprüfen: Bist du noch kompetent, mich zu führen? Die erste Aufgabe des Pferdes ist es, dem Leittier zu folgen. Die zweite ist es, das Leittier immer wieder in Frage zu stellen. Damit es kompetent bleibt. Egal, wie das Pferd reagiert, du bleibst fair und gerecht, denn es kann dich nicht enttäuschen.

Wenn ein Pferd mich anfragt, indem es nicht weicht, lehne ich mich meistens stärker an das Pferd an. Ich werde das immer vorne tun, nie hinten; werde versuchen, am Kopf den Kontakt aufzubauen, sofern es mir möglich ist. Ich lehne mich also an den Kopf und verstärke mein Anlehnen, gebe langsam mehr Energie rein, halte auch dem Gegendruck des Pferdes stand. Wird der Kraftaufwand für mich zu hoch, schubse ich das Pferd einmal kurz. Sobald es mir weicht, wenn es auch nur ein halber Zentimeter ist, halte ich sofort inne. Das reicht, um festzustellen: Wer bewegt hier wen? Wenn ein Pferd mich nicht an seinen Kopf lässt, muss ich die Beziehungsfrage woanders stellen. Ich berühre es dann leicht an der Flanke, mit meiner Hand oder mit der Spitze meiner Gerte. Das ist der Punkt, an dem auch Pferde einander »weichen lassen«, wenn sie sich begegnen. Mit der Berührung an dieser Stelle (in der oben beschriebenen inneren Haltung) wird das Pferd in der Regel etwas weichen. In der »Feinen Sprache« reicht mir das. Damit schließt das Pferd sich mir an. Das Ganze ist zu komplex, als dass meine Beziehung zum Pferd mit dieser Geste abschließend geklärt wäre, aber es ist der Anfang. Wir haben schon mal einen Stein in die richtige Richtung gelegt.

WARUM DIESE ÜBUNG?

Mit dem Ritual des Anfangs gewinnst du echten Zugang zu deinem Pferd und vertiefst beständig eure Beziehung. Weiterhin legst du den Grundstein für alles, was an diesem Tag folgt. Denn du vermittelst deinem Pferd existenzielle Sicherheit.

Nimm meine Ruhe: Loben mit der Pause

Pferde als Fluchttiere lieben es, wenn nichts passiert und sie sich sicher fühlen. In *Ein bisschen Theorie* hatten wir gesehen, dass »ruhiges Zusammensein« mit einem Partner ein pferdetypisches Bindungsverhalten ist und daher aus Pferdesicht die tiefgehendste Belohnungsform. Im *Geist des Pferdes* haben wir dir vermittelt, dass die Pause nicht einfach nur eine Erholungspause für das Pferd ist, sondern für euch beide zusammen die Gelegenheit, noch mehr in die Verbundenheit zu gehen und eure Beziehung zu tiefen. Daher nutzen wir in der »Feinen Sprache« als Belohnungsform immer nur die Pause, so wie wir sie hier verstehen.

Auf den Fotos führt Stefan das Loben mit der Pause mit der 9-jährigen Oldenburgerstute Wilhelmina durch, die sehr schön zeigt, wie sie sich durch Stimmungsübertragung immer tiefer in die angebotene Ruhe hinein entspannt.

Die Schritte

Jeder kleinste Schritt in die richtige Richtung wird sofort mit der Pause gelobt. Lieber einmal zu viel dem Pferd die Pause anbieten, als einmal zu wenig.

Die Pause besteht aus zwei Bestandteilen (obwohl sie eine Handlung ist):

Sich nicht bewegen und sofort alle Anforderungen abstellen. Das Pferd nicht ansehen, nicht ansprechen, nicht berühren.

Tief entspannt und aufmerksam in sich hineinfühlen, die innere Ruhe spüren. Durch die Stimmungsübertragung übernimmt das Pferd sofort unseren Zustand.

So verweilen wir still mit dem Pferd, solange die Pause andauert.

1 In der Pause bewege ich mich nicht und stelle alle Anforderungen ans Pferd ab. Tief entspannt fühle ich aufmerksam in mich hinein.

2 Durch die Stimmungsübertragung übernimmt das Pferd meine innere Ruhe und entspannt mit mir.

TIPPS

Die meisten Menschen neigen dazu, zu wenig und zu kurze Pausen zu machen. Die Länge und Häufigkeit der Pause sollte immer der Höhe der vorausgegangenen Anforderung entsprechen! Diesen Satz wirst du von uns in den folgenden Übungen wieder und wieder zu hören bekommen, weil die Pause so wichtig ist und du dein Gefühl für Timing und Länge der Pause immer weiter verfeinern solltest.

3 Das Loben mit der Pause sollte die Wirkung zeigen, dass das Pferd sich immer tiefer entspannt. Zum Beispiel durch langsames Kopfabsenken.

WARUM DIESE ÜBUNG?

Das Loben mit der Pause ist eine Belohnungsform, die sich vor allem in Stress-Situationen bewährt. Die Beziehung zu mir selbst und zum Pferd wird durch die Pause beständig vertieft.

Folge mir: Das Führen

Nachdem du im Nahbereich des Pferdes durch das leichte Verschieben seines Kopfes überprüft hast, wer in eurer Beziehung wen bewegen kann, weitest du die Überprüfung dieser Frage auf die Führübung aus.

Denke dir eine Lotlinie auf der Mitte der Pferdeschulter. Körpersprachlich gesehen ist das die »Mitte des Pferdes«. Wenn du vor dieser Linie stehst, hat das Pferd eher die Tendenz, sich auf der Hinterhand zu drehen und nach hinten zu flüchten. Wenn du hinter dieser Linie stehst, wird das Pferd tendenziell eher nach vorne flüchten.

Bewegst du dich mit der Mitte deines Körpers genau auf die gedachte Linie auf Mitte der Pferdeschulter zu, deine Schultern parallel zur Längsachse des Pferdes, wird es stehenbleiben, weil es nicht weiß, ob es vor- oder zurücklaufen soll. Wenn du ein Pferd einfangen musst ist das ein Punkt, den du nutzen kannst.

In der Führübung soll das Pferd dir am durchhängenden Strick folgen, mit dir anhalten, dir wieder folgen. Es soll sich bewegen, wenn du dich bewegst und stehen, wenn du stehst.

Obwohl Stefan auf dem ersten Foto den dreijährigen Risueño zum ersten Mal an Halfter und Strick führt, folgte er ihm in einer sehr guten Führposition. In der Halle zeigt er mit der vierjährigen PRE-Stute Pelusa eine alternative Führposition und wie man das Pferd vom Überholen abhalten kann. Auch für Pelusa ist das Geführtwerden am Halfter neu.

Die Schritte

Nimm das Pferd auf deine gewohnte Seite (bei den meisten Menschen dürfte das die rechte sein). Du hältst die Gerte in deiner präziseren Hand (bei den meisten Menschen ist auch das die rechte), der Knoten am Ende des Führstricks ist in deiner anderen Hand, es sei denn, du hast einen sehr langen Führstrick. Dann halte ihn in einer großen Schlaufe, wie Stefan auf diesen Bildern.

Du gehst langsam los, das Pferd soll ebenfalls antreten und dir folgen. Dabei ist es vorerst egal, in welcher Position das Pferd mit dir läuft, solange es dich mit der Schulter nicht überholt, du also nicht hinter die »Mitte des Pferds« (gedachte Lotlinie auf seiner Schulter) kommst.

Nach ein paar Schritten kannst du sanft anhalten und beobachten, ob das Pferd das Anhalten übernimmt. Wenn ja, lobst du sofort mit der Pause. Die Länge der Pause sollte immer der Höhe der Anforderung entsprechen.

Nach einiger Zeit wiederholst du den Ablauf.

1 Die Führposition vor dem Pferd ist mir die liebste.

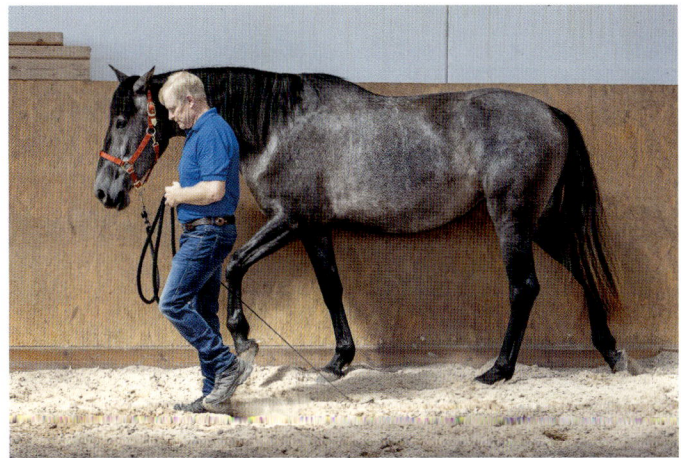

2 Alternativ kann das Pferd neben mir laufen, ...

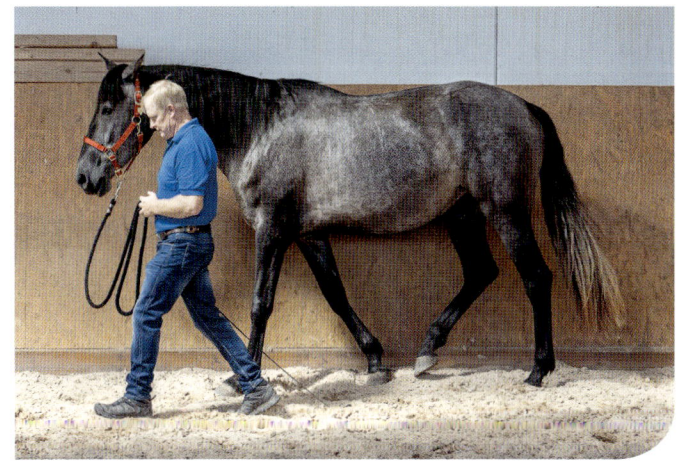

3 ..., darf mich mit seiner Schulter aber nicht überholen.

4 Beim Führen bleibe ich also immer vor der »Mitte des Pferdes«., also vor der gedachten Lotlinie auf der Pferdeschulter, die wir hier für dich eingezeichnet haben.

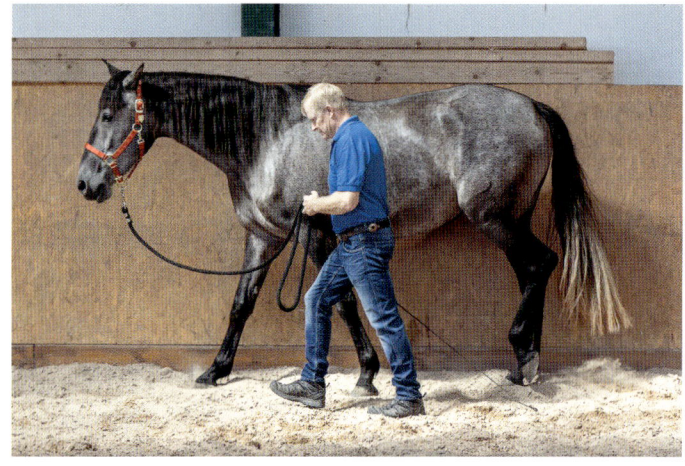

5 Wie reagiere ich, wenn das Pferd mich überholt und ich hinter die Mitte des Pferdes komme?

6 Ich berühre Pelusa mit der Hand am Bauch, ...

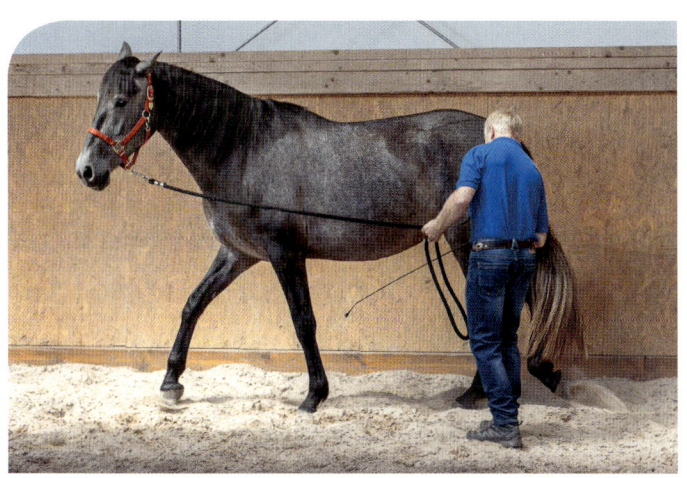

7 ,… oder berühre ihren Bauch mit der Gerte. Dabei wende ich mich mit meinem ganzen Körper der Kruppe zu.

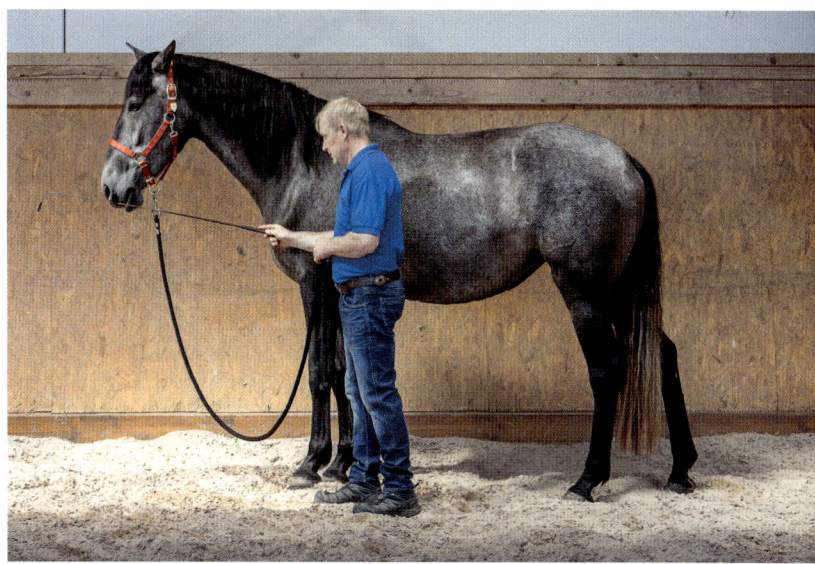

8 Ein anderer Weg, das Pferd am Überholen zu hindern, ist seine Nase sanft mit der Gerte zu berühren.

TIPPS

Will das Pferd sich überhaupt nicht mit dir bewegen, gehst du in einem Halbkreis auf seine Kruppe zu, um es in Bewegung zu versetzen. Reagiert das Pferd immer noch nicht, berührst du es mit der Gerte leicht unter dem Bauch, um das Pferd zu einer Bewegung aufzufordern. Sobald es sich auch nur ein bisschen bewegt, lobst du sofort mit der Pause. Dann wiederholst du das Antreten und gegebenenfalls das Berühren mit der Gerte. Das Pferd versteht so, dass es sich besser anfühlt, sich mit dir zu bewegen, als stehenzubleiben, wenn du gehst.

Läuft das Pferd auf dein Anhalten hin einfach weiter, gibt es zwei Möglichkeiten. Du kannst es stoppen, indem du die Gerte an seine Nase anlegst. Du musst keine Angst haben, dass dein Pferd dadurch kopfscheu wird. Wenn du die Hilfe an der Nase sanft einsetzt, kann sie viel bewirken, weil das Pferd dort sehr empfindsam ist. Sobald das Pferd das Anhalten übernimmt, lobst du sofort mit der Pause.

Bist du schon hinter die Schulter deines Pferdes gekommen, weil das Pferd auf dein Anhalten einfach weitergelaufen ist, ist die andere Möglichkeit, es mit Hand oder Gerte unter dem Bauch anzutippen. Du vermittelst ihm damit, dass das Überholen sich unangenehm anfühlt.

Wiederhole die Übung so oft, bis das Pferd versteht, in welcher Führposition du dich am angenehmsten für das Pferd anfühlst. Dann wird es zur Idee des Pferdes, da zu laufen und es wird diese Position von alleine halten wollen.

Ist die Führposition gefestigt, kannst du mit Tempovarianten spielen: Gehe ein paar schnellere Schritte oder ein paar extrem langsame, dann wieder ein paar normale und beobachte dabei immer, ob das Pferd dein Tempo übernimmt. Wenn das Pferd gelernt hat, auf dein Tempo zu achten, kannst du im Alltag, zum Beispiel zu Beginn eines Spaziergangs, immer wieder Tempowechsel einsetzen, um zu überprüfen, ob dein Pferd auf dich achtet.

WARUM DIESE ÜBUNG?

Dein Pferd soll aufmerksam auf dich achten. Du signalisierst ihm: »Wenn ich mich bewege, sollst du dich bewegen. Wenn ich stehe, sollst du stehen.« Damit bestärkst du deine Souveränität in eurer Zweierherde.

DAS FUNDAMENT:
Die drei Übungen

Die drei Übungen sind deshalb das Fundament der »Feinen Sprache«, weil du dir mit ihnen ein Grundgerüst erarbeitest, auf das du immer wieder zurückgreifen wirst. So zum Beispiel in allen Situationen, bei denen du mit deinem Pferd Stress zusammen bewältigst, wie auf der Plane, am Hänger oder im Wasser. Aber auch die vertiefenden Übungen greifen auf das Fundament zurück, weil sie oft eine Weiterführung der drei Übungen sind.

Das heißt im Umkehrschluss, dass du immer wieder zu den drei Übungen zurückgehen solltest, um sie zu festigen. Am Anfang jeder Trainingseinheit vor der Bewältigung einer Stressituation sowie allgemein, wenn es Schwierigkeiten bei einer der aufbauenden Übungen gibt.

Rechts-Links

Die Rechts-Links-Übung ist das Herz des Beziehungstrainings mit deinem Pferd. Sie ist ein Dialog, in welchem du dem Pferd signalisierst: »Ich gehe auf deine Kruppe zu, aber du kannst mich daran hindern, indem du deinen Kopf vor mich schiebst und so meinen Weg blockierst.« In der Erweiterung des Rechts-Links lernt das Pferd, der angelegten Gerte zu folgen.

In seiner Vollendung wird das Rechts-Links zu einem Tanz mit dem Pferd, in welchem wir immer wieder fließend von der Rolle des Bewegers in die Rolle des Bewegten wechseln. Daraus lässt sich der Kern der Freiarbeit entwickeln. Mehr dazu findest du unter den *Vertiefenden Übungen* im *Spielen*. Die vierjährige Pelusa in unserer Fotoserie arbeitet zum ersten Mal mit Stefan und der »Feinen Sprache«.

Die Schritte

Wir beschreiben nun den vollständigen und idealen Ablauf der Übung. Versuche zunächst, sie in ihrer Gesamtheit zu erfassen und zu verstehen, wo es hingeht. Auf deinem Übungsweg lobst du natürlich jeden Schritt in die richtige Richtung deines Pferdes mit der Pause.

Stelle dir das Zifferblatt einer Uhr vor. Du stehst auf zwölf Uhr. Dein Pferd steht gerade vor dir, als wäre es der Zeiger der Uhr. Es hat dir seinen Kopf zugewandt.

Wähle nun die Seite des Pferdes aus, die du aus deiner Position besser sehen kannst und richte deinen Blick auf die Kruppe des Pferdes.

Dann bewegst du dich »auf dem Rand des Zifferblatts« in einem Halbkreis auf die Kruppe deines Pferdes zu.

Das Pferd verlagert daraufhin sein Gewicht auf die Hinterhand und setzt mit der Vorhand um, um schließlich die Halbkreislinie vor dir zu kreuzen. (Achtung! Es geht hier nicht darum, dass das Pferd dir mit der Hinterhand weicht, sondern dass es dir mit der Vorhand folgt.)

Sobald das Pferd deinen Weg zur Kruppe mit seinem Kopf blockiert, lobst du mit der Pause. Die Länge der Pause sollte immer der Höhe der Anforderung entsprechen.

Gleichzeitig gibt es dir damit seine andere Seite frei und du kannst die Rechts-Links-Übung zur anderen Seite ausführen.

Idealerweise kreuzt das Pferd deinen Halbkreis jeweils, bevor du auf dem Zifferblatt 9 Uhr bzw. 3 Uhr erreicht hast. Das sieht im freien Spiel so aus, dass das Pferd schon vor dir umspringt, sobald du seitlich auf seine Kruppe schaust, wie ich es später mit der Fuchsstute Daluna zeigen werde.

Rechts

1 Ich beginne auf zwölf Uhr vor dem Pferd, ...

2 ..., schaue auf die Kruppe und drehe meinen Körper seitlich zum Pferd, ...

3 ..., gehe in einem Halbkreis Richtung Kruppe, ...

4 ..., stetig und gleichmäßig, ...

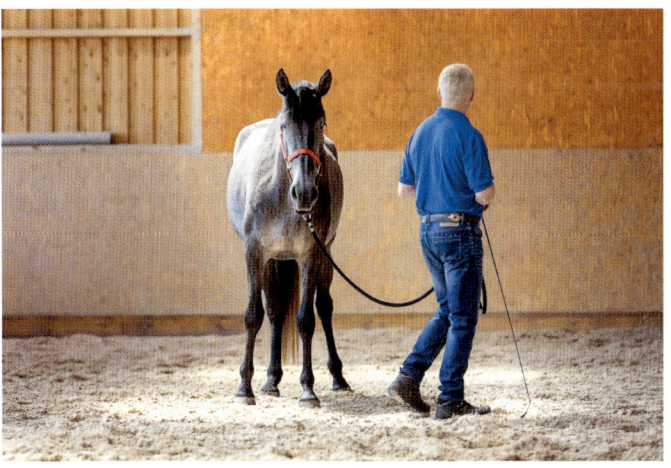

5 ..., meinen Blick immer auf die Kruppe gerichtet.

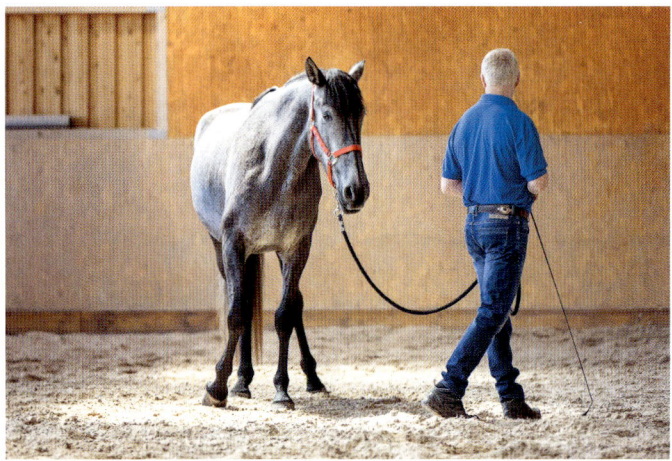

6 Pelusa verlagert ihr Gewicht auf die Hinterhand und beginnt, mir zu folgen.

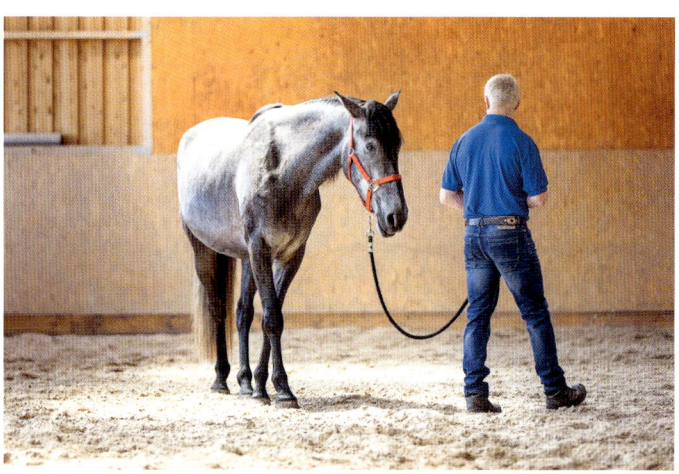

7 Sie kreuzt hier beim Folgen sogar ihre Vorderbeine. Das ist erwünscht, aber nicht zwingend.

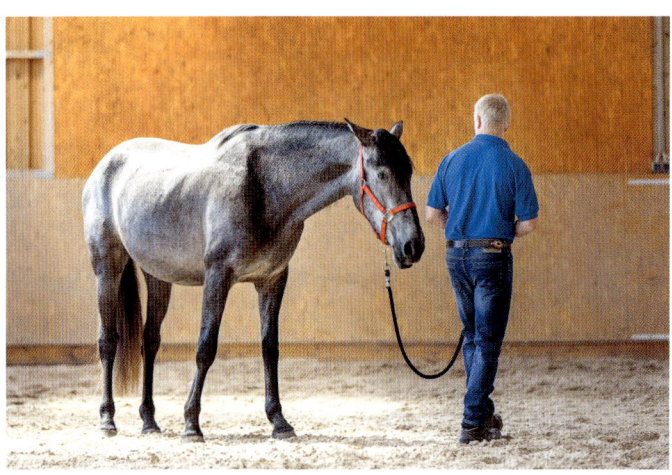

8 Der Strick hängt immer locker durch.

9 Meine Hüfte und Schultern sollten parallel bleiben, während ich weiter auf ihre Kruppe schaue und zugehe.

10 Ich befinde mich auf dem Zifferblatt, das wir uns vorstellen, jetzt fast auf neun Uhr.

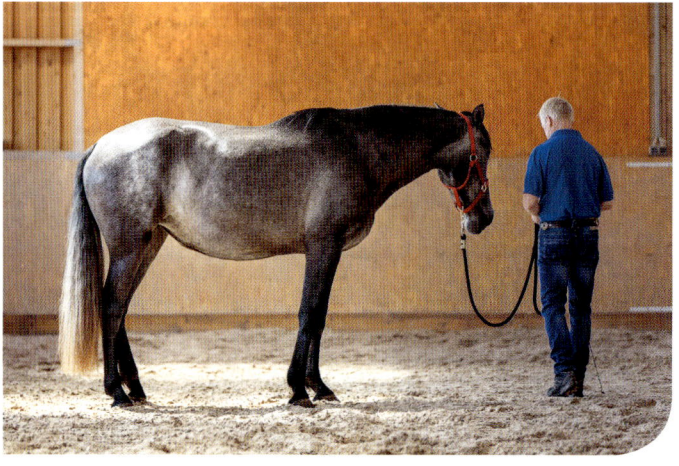

11 Pelusa ist mit dem Kopf vor mich gekommen und hat mich blockiert. Pause.

Links

1 Ich beginne wieder frontal vor dem Pferd, ...

2 ..., schaue auf die Kruppe, ...

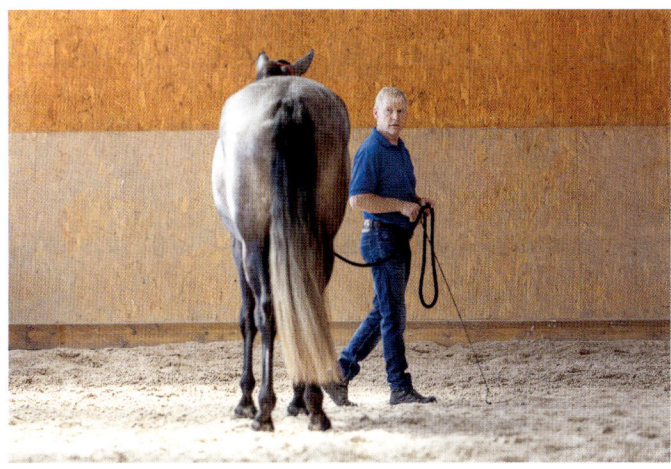

3 ... und gehe in einem Halbkreis Richtung Kruppe, ...

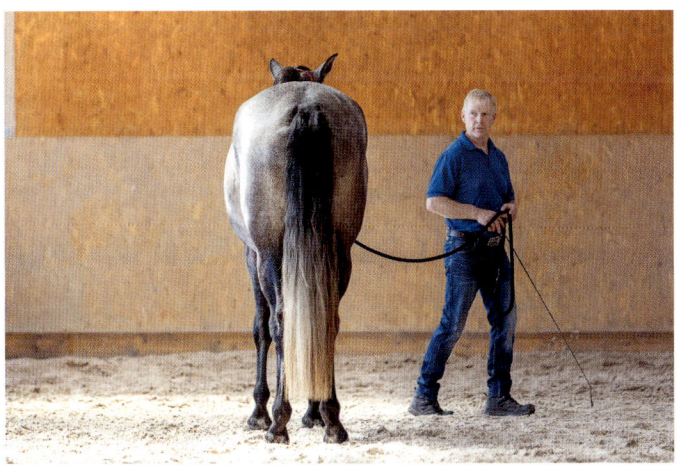

4 ..., meine Hüfte und Schultern parallel, ...

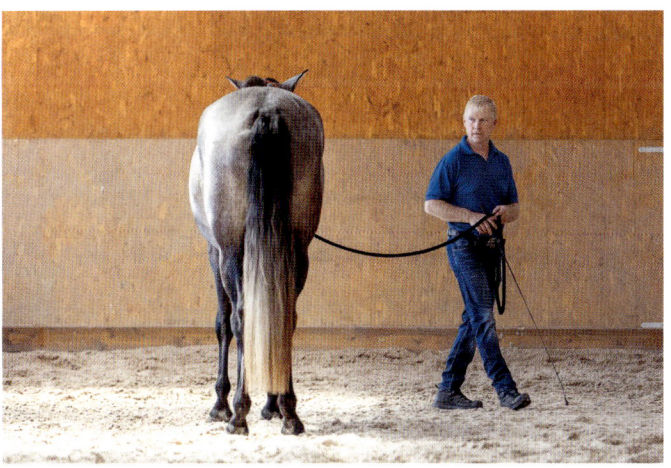

5 ..., immer weiter auf die Kruppe zu.

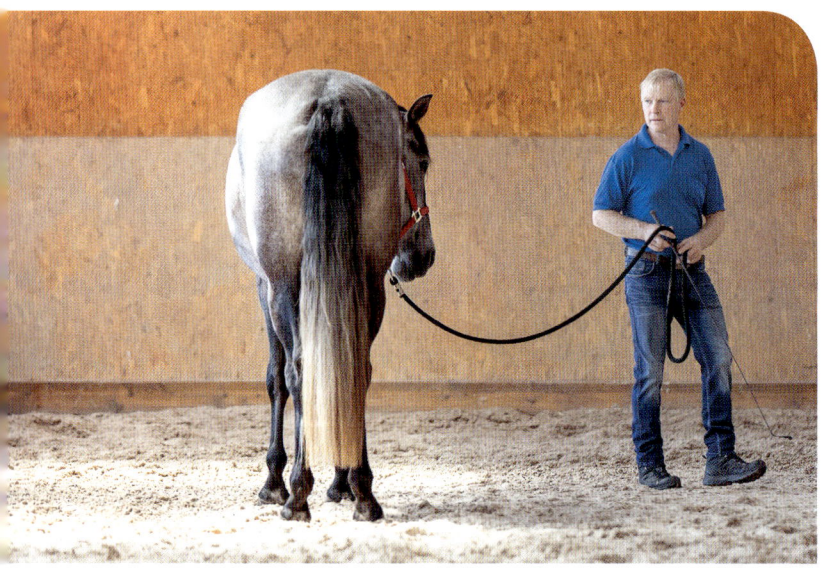

6 Pelusa beginnt mir zu folgen, zuerst mit dem Kopf.

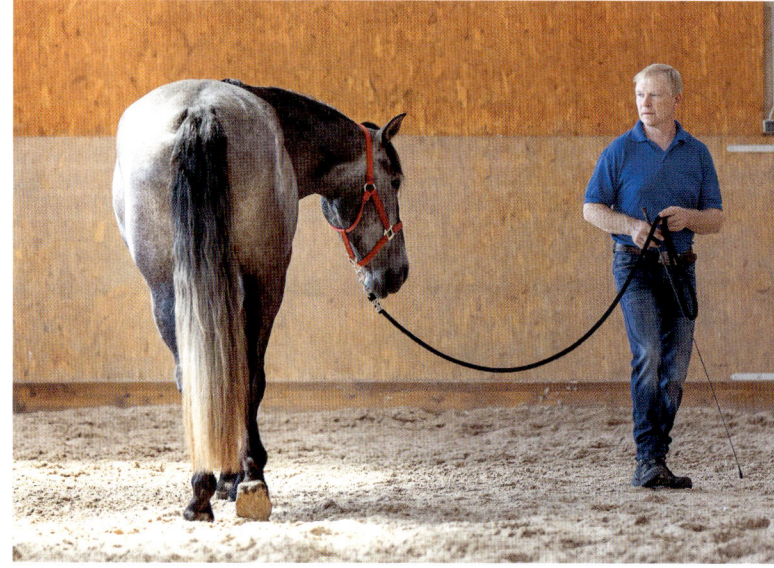

7 Ich schaue und gehe weiter Richtung Kruppe.

8 Es geht hier nicht darum, dass Pelusa mir mit der Hinterhand weicht, sondern mir mit der Vorhand folgt, was sie hier tut.

9 Ich gehe einfach immer weiter auf dem Halbkreis Richtung Kruppe.

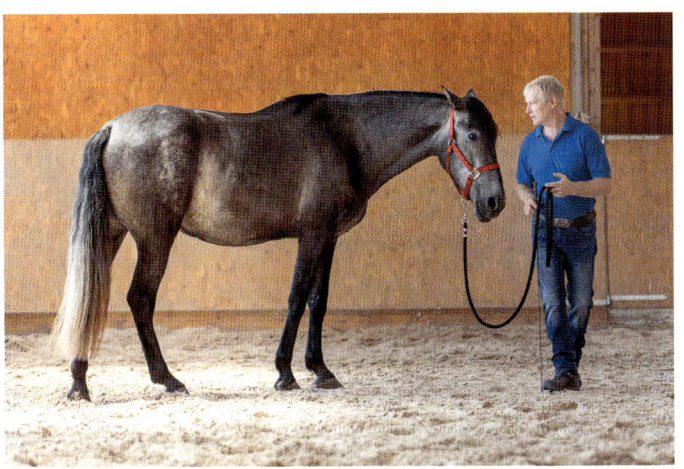

10 Bei etwa drei Uhr des Zifferblatts ist sie mit dem Kopf fast vor mir, um mich zu blockieren.

11 Pause. Ich gebe ihr das Gefühl : »Du hast mich gefangen.«

TIPPS

Achte darauf, dass der Strick grundsätzlich locker durchhängt und ohne Einwirkung auf den Pferdekopf bleibt. Das Pferd soll allein an deiner Körpersprache erkennen, was du ihm sagen willst. Die Gerte nutzt du nur bei Bedarf als verlängerten Arm. Den Strick setzen wir anfangs höchstens ein, um dem Pferd in die gewünschte Bewegungsrichtung zu helfen, wenn es uns gar nicht versteht.

Bleibe während der ganzen Übung konstant mit dem Blick auf der Kruppe des Pferdes, bis es dich mit dem Kopf blockiert und dir so die Sicht versperrt.

Während du auf der Halbkreislinie auf die Kruppe zugehst, achte darauf, dass deine Hüfte und Schultern parallel bleiben und du dich nicht verdrehst.

Zeigt das Pferd beim Zugehen auf die Kruppe keine Reaktion, agierst du spätestens, wenn du dich auf Höhe der Sattellage befindest: Mit dem ausgestreckten Arm berührst du mit der Spitze der Gerte das Pferd leicht unter dem Bauch, um es aufmerksam zu machen. Reagiert das Pferd nicht, beginnst du mit dem progressiven Steigern des Antippens.

WARUM DIESE ÜBUNG?

Mit der Rechts-Links-Übung sprechen wir mehrere Ebenen an:

Wir holen den Fokus des Pferdes zu uns, indem es sich mit dem Kopf und seinen Hauptsinnesorganen Nüstern, Auge, Ohr zu uns ausrichtet. Hier können wir ihm auch jederzeit die Pause anbieten.

Wir verlangen dem Pferd eine Bewegung ab, indem wir auf seine Kruppe zugehen und vertiefen dadurch unsere Souveränität.

Wir geben dem Pferd aber auch die Möglichkeit, gleichberechtigt mit uns zu kommunizieren, indem es uns stoppen darf. Es kann durch seinen Einsatz von der Rolle des Bewegten in die Rolle des Bewegers wechseln. Gehen wir daraufhin wieder auf die andere Seite der Kruppe zu, schlüpfen wir zurück in die Rolle des Bewegers. Dieses wechselseitige »Punkten« motiviert das Pferd später dazu, mit uns zu spielen.

Ist diese Übung einmal etabliert, wird das Pferd immer bestrebt sein, seinen Kopf vor unseren Körper zu bringen. Wir können es dann in der Freiarbeit mit unserem Körper in alle Richtungen bewegen.

Erweiterung von Rechts-Links

Hat das Pferd die Rechts-Links-Übung verinnerlicht, hängen wir in der Erweiterung der Übung ein Element an: Wenn wir auf der Halbkreislinie auf die Kruppe zulaufen und das Pferd vor uns kommt, um uns zu blockieren, legen wir die Gerte an derjenigen Schulter des Pferdes an, die in Bewegungsrichtung liegt und fassen den Strick unter dem Halfter.

Dann gehen wir weiter auf unserem Halbkreis auf den Kopf des Pferdes zu, der ja jetzt vor uns ist. Mit der Strickhand können wir den Kopf des Pferdes bei Bedarf etwas in Laufrichtung biegen, um es zu unterstützen.

Das Pferd soll nun, solange die Gerte an seiner Schulter anliegt, mit der Vorhand auf der Halbkreislinie vor uns übertreten.

Macht das Pferd einen ersten Schritt auf die angelegte Gerte zu, lobst du sofort mit der Pause. Die Länge der Pause sollte immer der Höhe der Anforderung entsprechen.

Auf unseren Fotos führt Stefan die Erweiterung des Rechts-Links frei mit dem vierzehnjährigen Andalusierwallach Nubio aus dem Eigenbesitz von Heike Smirr durch.

WARUM DIESE ÜBUNG?

Das Pferd lernt, dass es auch die Lösung sein kann, sich gegen die angelegte Gerte zu bewegen. Das ist später in der Freiarbeit wichtig, wo es auf die Gerte zugehen soll.

1 Hat das Pferd mich mit seinem Kopf im Rechts-Links blockiert, gehe ich nun einfach weiter und lege die Gerte an der gegenüberliegenden Schulter an, ...

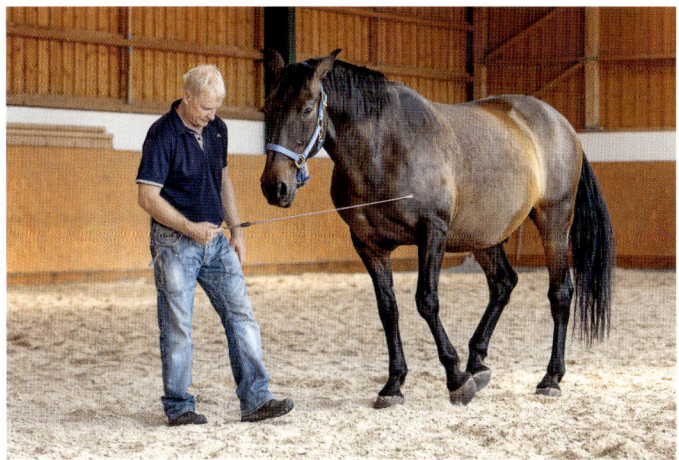

2 ..., bis das Pferd einen Schritt gegen die Gerte macht, als drücke es sie weg. Dann pausiert die Gerte für einen kurzen Moment.

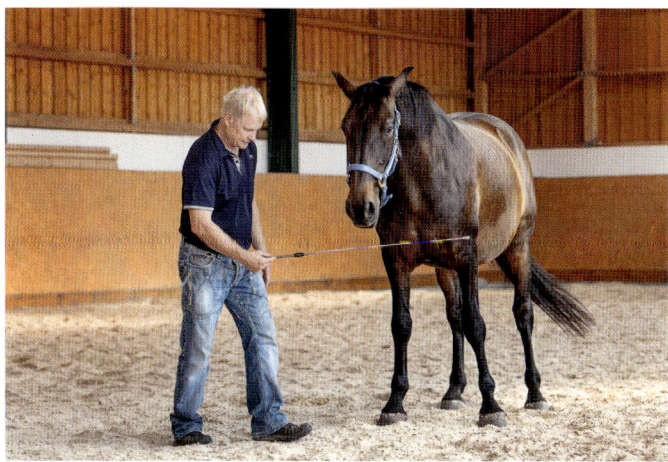

3 Gleich lege ich sie wieder an, um das Pferd zu einem weiteren Schritt gegen die Gerte zu animieren.

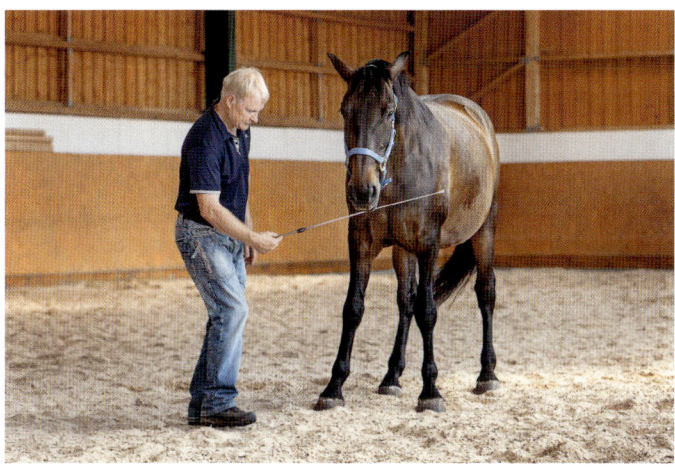

4 Der Prozess wiederholt sich:

5 Das Pferd macht einen Schritt gegen die Gerte, ...

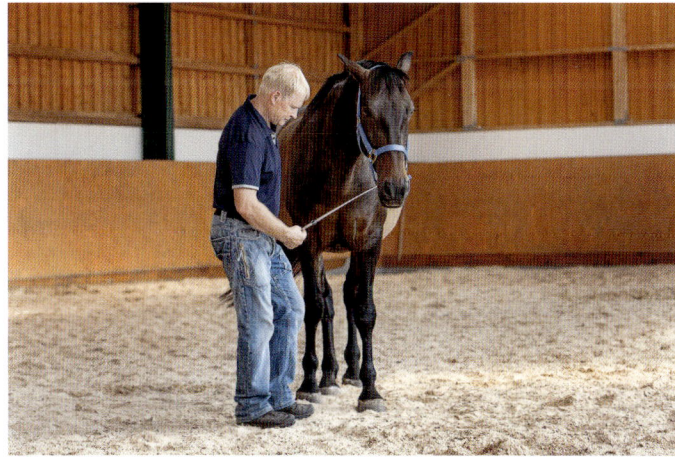

6 ..., worauf die Gerte kurz pausiert, ...

7 ..., um erneut angelegt zu werden. So bekomme ich eine flüssige Wendung, bei der das Pferd Schritt für Schritt auf die angelegte Gerte zugeht.

Komm auf mich zu

Die Komm-auf-mich-zu-Übung ist die zweite grundlegende Übung der »Feinen Sprache«. Das Pferd lernt, seinen Fokus auf dich zu legen (anstatt auf ein besorgniserregendes Hindernis wie Raschelplane, Hänger oder Bachlauf) und sich auf deine Gertenberührung hin auf dich zuzubewegen. Du kommunizierst ihm: Komm auf mein Antippen hin zu mir, bei mir bist du sicher, bei mir ist die Ruhe. Die Komm-auf-mich-zu-Übung ist eine der beiden zentralen Übungen, um das Pferd zu verladen.

In der Freiarbeit funktioniert diese Übung später auch auf größere Distanz. Wenn wir auf die Schulter des Pferdes blicken und mit der Gerte (als unserem verlängerten Arm) auf die Pferdeschulter zeigen, kommt das Pferd in jedem Tempo auf uns zu.

Der dreijährige Risueño macht die Übung zum ersten Mal, hat aber sofort herausgefunden, welche Bewegung Stefan über das Gertenantippen von ihm will.

Die Schritte

Gehe zunächst wieder den kompletten Ablauf der Übung mental durch, bevor du sie am Pferd ausführst und belohne den kleinsten Schritt in die richtige Richtung mit der Pause.

Du stehst frontal vor deinem Pferd und greifst den Strick mit einer Hand gleich unter dem Halfter. Wenn dein Strick einen Panikhaken hat, greife gleich unter dem Haken, damit er sich nicht versehentlich öffnet. Die Gerte hast du wie immer in deiner präziseren Hand.

Du machst einen Schritt zurück und dein Strickarm streckt sich lang aus. In dieser Übung arbeiten wir nur mit dem Abstand unserer Armlänge. Übe dabei keinen Zug am Halfter aus.

Folgt das Pferd nun schon deinem Körper, kannst du es mit der erhobenen Strickhand dazu auffordern, stehenzubleiben.

Du fokussierst mit deinen Augen die Schulter des Pferdes an der Stelle, die du gleich mit der Gerte berühren willst.

Du hebst deine Gertenhand und legst die Spitze der Gerte auf die Schulter des Pferdes.

Dann beginnst du die Schulter anzutippen. Das signalisiert dem Pferd: Komm jetzt auf mich zu. Diese Verknüpfung von Gertenberührung an der Schulter und Schritt nach vorne müssen wir als Erstes im Pferd herstellen.

Du solltest das Antippen progressiv steigern, bis das Pferd reagiert.

Bewegt das Pferd sich auch nur minimal auf dich zu (eine Gewichtsverlagerung in deine Richtung ist ausreichend), lobst du sofort mit der Pause. Die Länge der Pause sollte immer der Höhe der Anforderung entsprechen.

Dann wiederholst du den Ablauf: einen Schritt zurückgehen und Arm lang ausstrecken, Schulter fokussieren, Gertenhand anheben, Pferdeschulter antippen, sofort mit einer angemessenen Pause belohnen, wenn das Pferd sich einen Schritt auf dich zubewegt.

Kennt das Pferd die Komm-auf-mich-zu-Übung, wird es den weiteren Ablauf vorwegnehmen und schon einen Schritt auf dich zukommen, wenn du seine Schulter anblickst oder sogar schon, wenn du dich einen Schritt rückwärtsbewegst.

Diese Vorwegnahme, also dass das Pferd sich gleichzeitig mit dir bewegt, ist das endgültige Ziel der Übung, darf aber nicht am Anfang stehen.

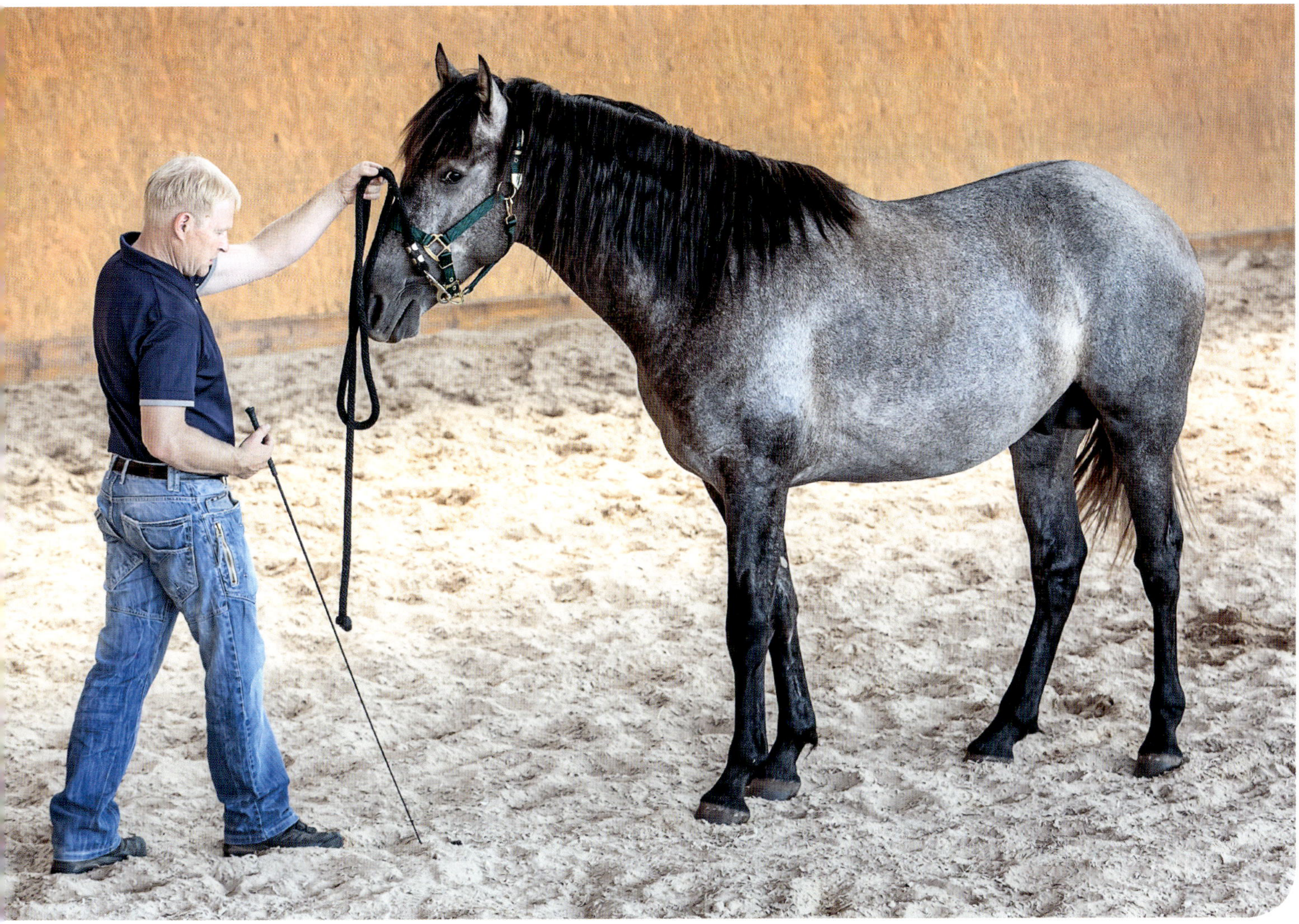

1 Folgt das Pferd schon meinem Körper, während ich einen Schritt zurückgehe, kann ich die Strickhand heben, um ihm einen Impuls zu geben, stehen zu bleiben.

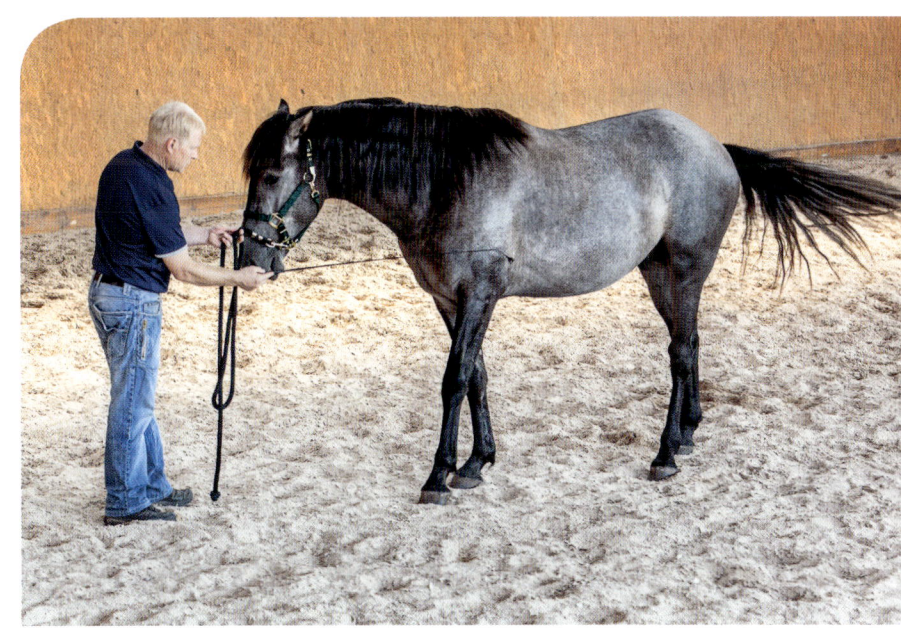

2 Ich fokussiere mit meinen Augen die Schulter des Pferdes und lege die Spitze der Gerte auf seine Schulter.

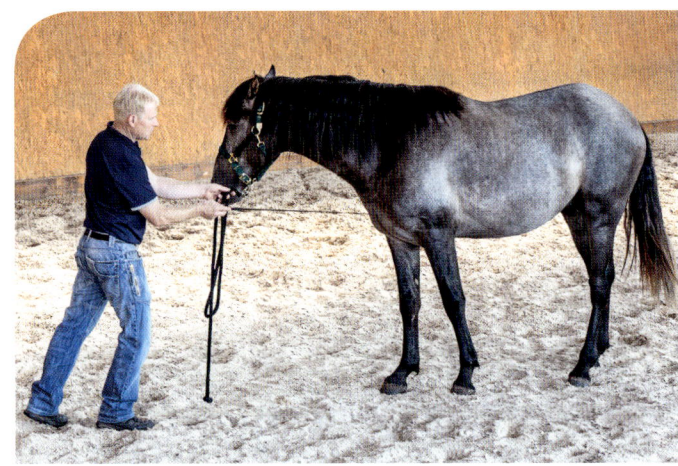

3 Versteht das Pferd auf mein Antippen nicht, dass es auf mich zukommen soll, bewege ich mich etwas nach hinten und tippe weiter, bis das Pferd einen Vorwärtsschritt macht.

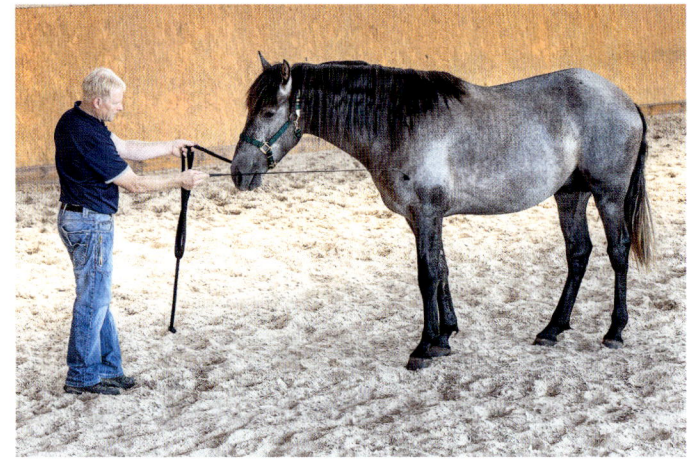

4 Es reicht anfangs aus, dass das Pferd sich nur minimal auf mich zubewegt.

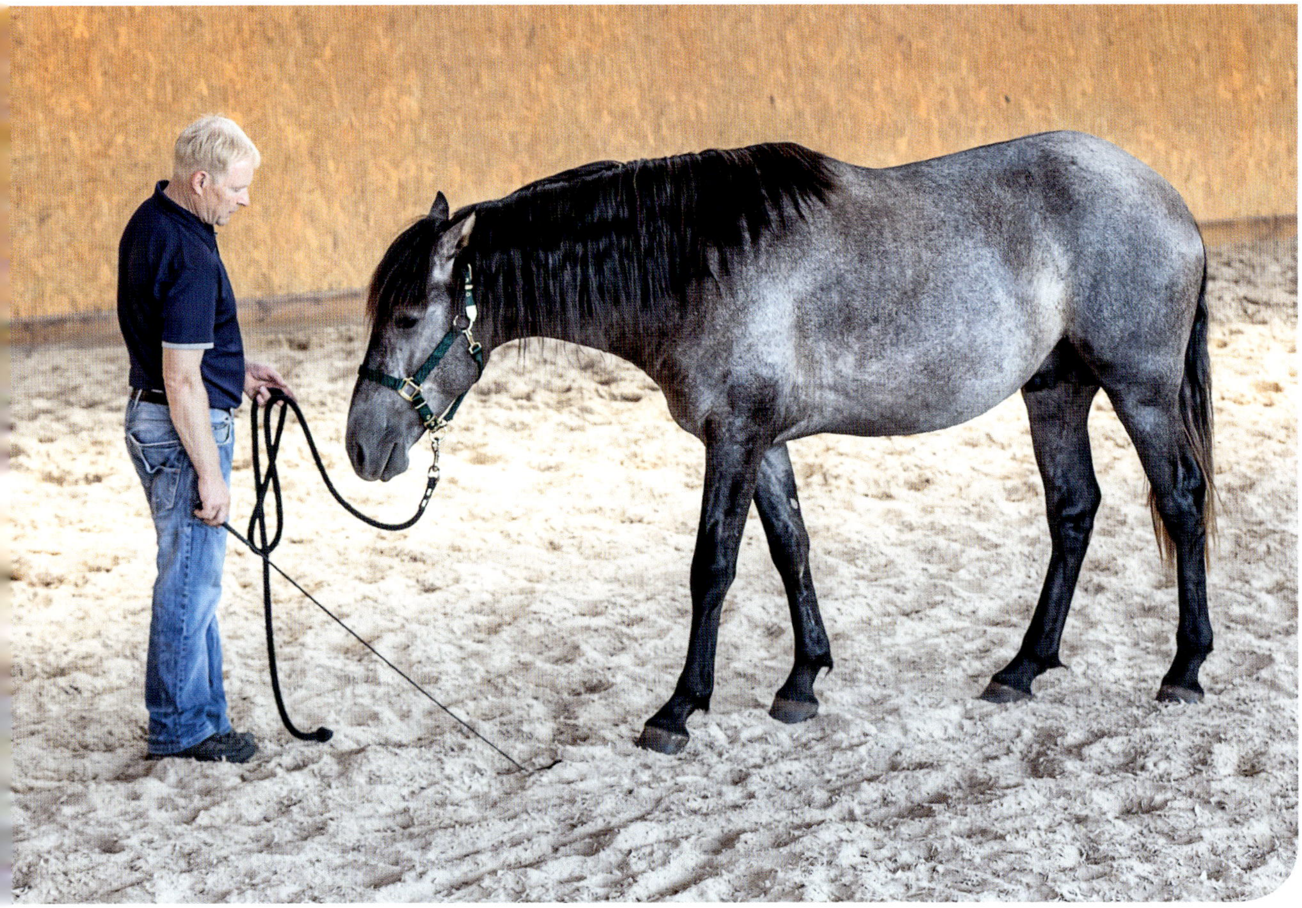

5 Daraufhin senke ich sofort die Gerte auf den Boden und lobe mit der Pause.

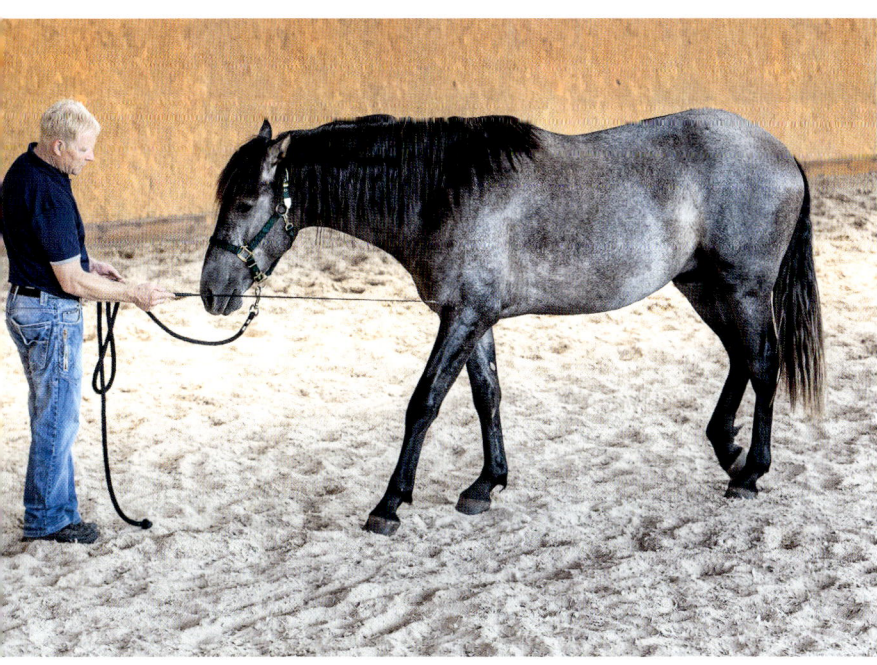

6 Dann tippe ich die von mir fokussierte Schulter erneut an. Sobald das Pferd einen Schritt auf mich zumacht ...

TIPPS

Am Anfang ist das Wichtigste bei dieser Übung, dass sich das Pferd erst auf das Antippen seiner Schulter hin auf dich zubewegt. Nur so kann es die Verknüpfung zwischen Gertensignal und Vorwärtsbewegung herstellen.

Viele Pferde haben gelernt, der Gerte zu weichen. Zu Anfang kann es darum vorkommen, dass das Pferd beim Antippen seiner Schulter seitlich ausweicht oder zurückgeht. In diesem Fall behalten wir das Antippen bei und unterstützen das Pferd zusätzlich über unseren Körper und den Strick, auf uns zuzukommen. Sobald es auch nur die geringste Vorwärtsbewegung erkennen lässt, loben wir sofort mit der Pause.

In dieser Übung arbeiten wir immer am kurzen Strick. Zum einen wollen wir das Pferd nah bei uns halten, damit es unsere innere Ruhe übernehmen kann, wenn es angesichts eines zu überwindenden Hindernisses unter Stress gerät. Zum anderen spüren wir am kurzen Strick sehr schnell die Reaktion des Pferdes und können im unmittelbaren Einwirkungsbereich des Pferdes agieren, indem wir es durch das Gertensignal ermutigen, unserer Bewegung zu folgen.

Hat dein Pferd das Prinzip verstanden, kannst du es jederzeit zu dir holen. Das Pferd geht auf das Unangenehme zu. Damit hast du das Rüstzeug, dein Pferd über jedes Hindernis zu lotsen.

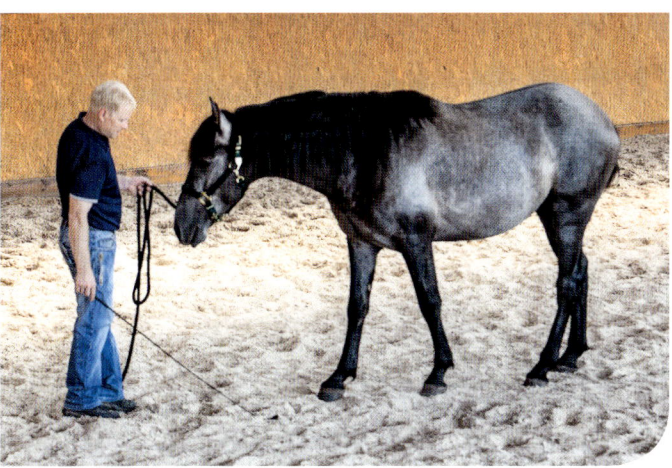

7 ... belohne ich es sofort wieder mit einer angemessenen Pause.

WARUM DIESE ÜBUNG?

Wir überwinden damit jede Situation, in der das Pferd zögert, ängstlich ist oder sich verweigert, auf etwas zuzugehen, über etwas drüberzugehen, durch etwas durchzugehen oder in den Hänger hineinzugehen.

Gehe zurück

Die Gehe-zurück-Übung ist die dritte fundamentale Übung der »Feinen Sprache«. Wir machen uns hier das natürliche Verhalten des Pferdes zunutze, wenn es sich einem Gegenstand nähert, der seine Neugier und zugleich seine Furcht erregt. Dieses natürliche Erkundungsverhalten von Vorstoß und Rückzug (siehe die Erklärung dazu in *Ein bisschen Theorie)* ist die Grundlage des Komm-auf-mich-zu und des Gehe-zurück. Durch die Verknüpfung mit den Gertensignalen können wir das Bewegungsmuster von Vorstoß und Rückzug aktiv auslösen und steuern. Damit ist das Gehe-zurück auch die zweite zentrale Übung, um das Pferd zu verladen.

In unserer Fotoserie zeigt der dreijährige Risueño, den wir schon aus anderen Übungen kennen, das Gehe-zurück aus zwei verschiedenen Positionen.

Die Schritte

Schau dir zunächst wieder den kompletten Ablauf der Übung an, bevor du sie am Pferd ausführst und belohne sofort den kleinsten Schritt in die richtige Richtung mit der Pause.

Du stehst frontal vor deinem Pferd und greifst den Strick gleich unter dem Halfter. Auch in dieser Übung arbeiten wir nur mit dem Abstand unserer Armlänge.

Du hebst deine Gertenhand (deine präzisere Hand) und legst die Spitze der Gerte auf den Widerrist des Pferdes.

Dann beginnst du den Widerrist sanft anzutippen. Das soll dem Pferd signalisieren: Gehe jetzt zurück. Die Verknüpfung von Gertenberührung am Widerrist und Rückwärtsbewegung herzustellen, ist das Endziel der Übung.

Du solltest das Antippen progressiv steigern, bis das Pferd reagiert.

Bewegt das Pferd sich auch nur minimal zurück (eine Gewichtsverlagerung ist anfangs ausreichend), lobst du sofort mit der Pause. Die Länge der Pause sollte immer der Höhe der Anforderung entsprechen.

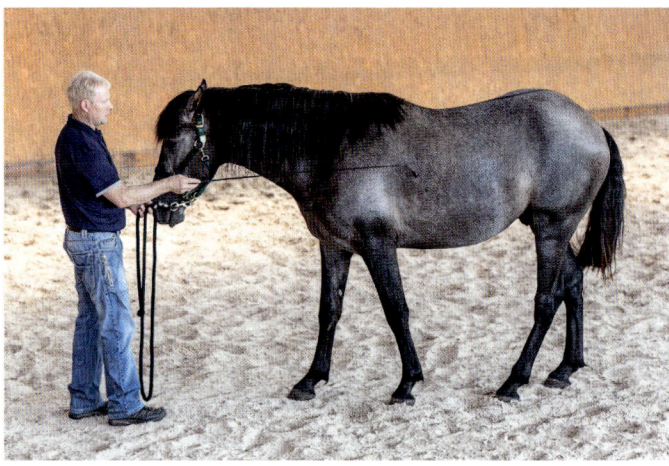

A1 Das Gehe-zurück beginnt man vor dem Pferd.

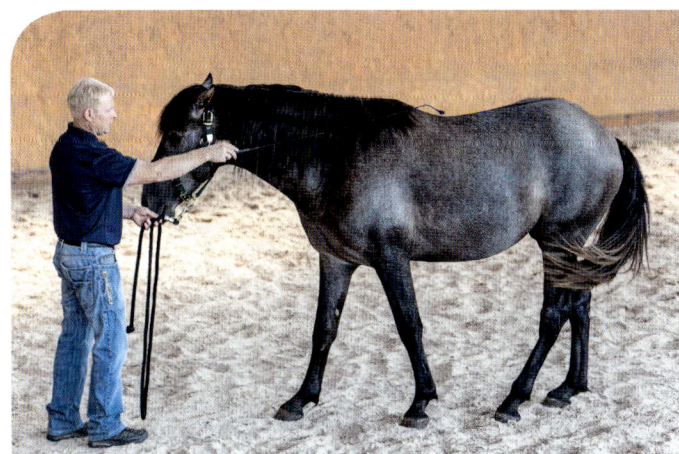

2 Ich hebe die Gertenhand an, ...

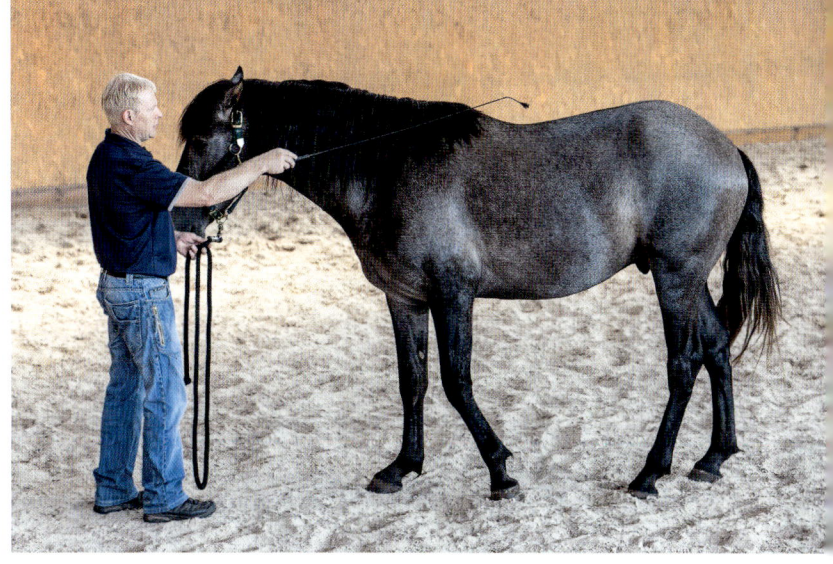

A3 ..., lege die Gerte auf den Widerrist und beginne diesen langsam anzutippen, ...

A4 ..., bis das Pferd einen kleinen Schritt rückwärts macht. Dann höre ich mit dem Antippen sofort auf und lobe mit der Pause.

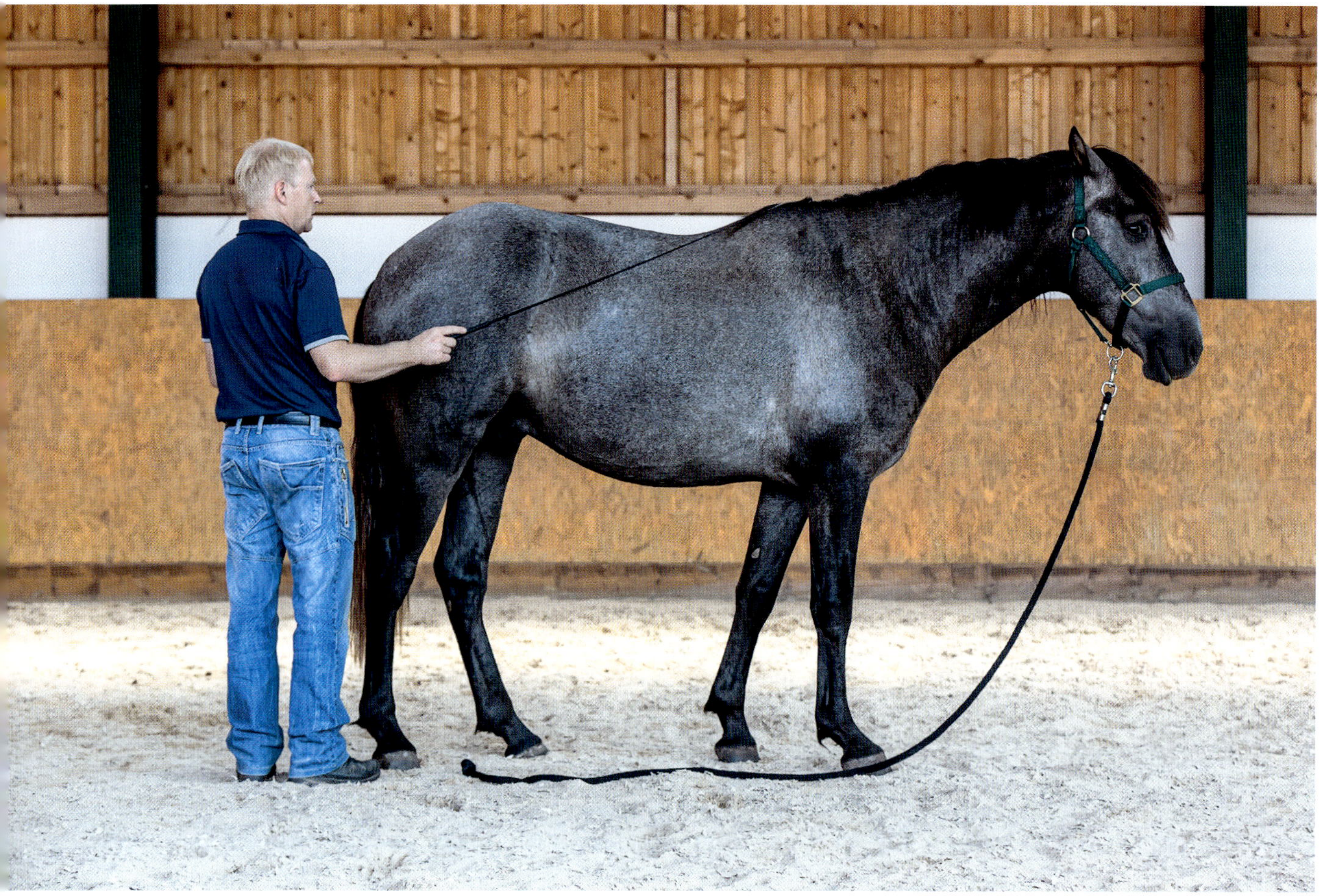

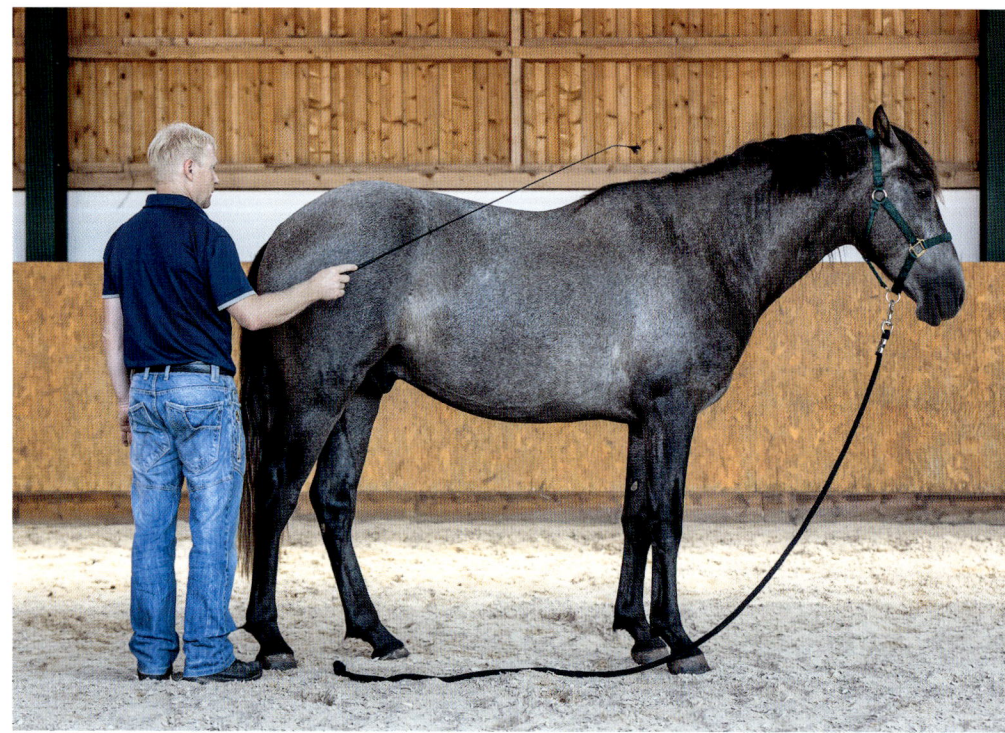

B1 Hat das Pferd das Gehe-zurück aus meiner Position vor ihm verstanden, übe ich es aus der Position hinter dem Pferd. Das ist später hilfreich beim Verladen.

B2 Solange die Gerte den Rücken nicht berührt, soll das Pferd stehenbleiben.

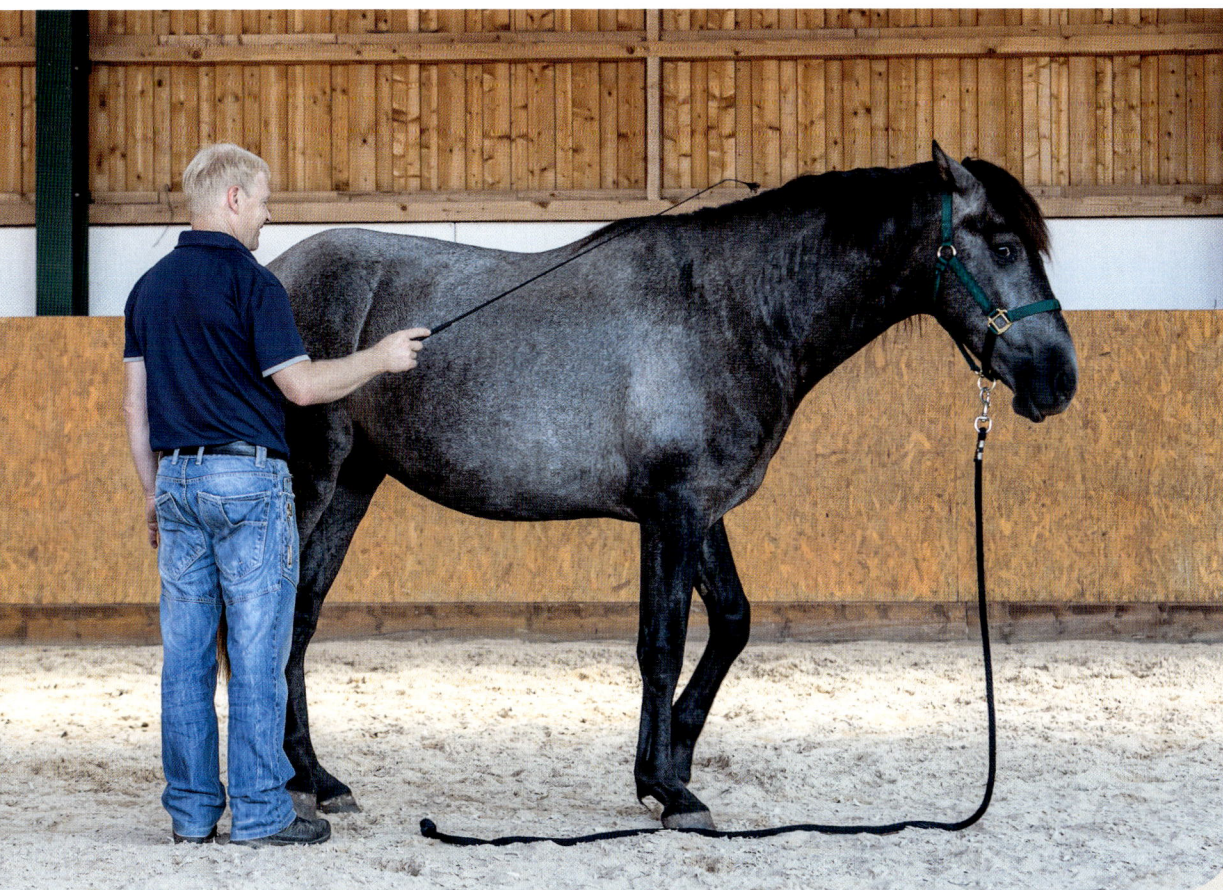

TIPPS

Auch in dieser Übung arbeiten wir in der Position vor dem Pferd am kurzen Strick, weil wir ihm so besser helfen können, sich rückwärts auszurichten und es schneller unterstützen können, wenn es unser Signal nicht versteht.

Am Anfang kann es ein, dass das Pferd sich beim Antippen des Widerrists fest macht und nicht reagiert. In diesem Fall behalten wir das Antippen bei und unterstützen das Pferd zusätzlich über den Strick sowie unseren Körper, zurückzutreten. Sobald es auch nur die geringste Rückwärtsbewegung erkennen lässt, loben wir sofort mit der Pause.

Achtung! Das Gehe-zurück ist die einzige Übung, in der die Reihenfolge der Hilfen umgekehrt ist: Die Gerte ist hier die primäre Hilfe, der Strick unterstützt das Rückwärts, und wenn nötig bewegt man noch den Körper auf das Pferd zu. Dadurch kann das Pferd das Gertensignal nicht vorwegnehmen. Es soll sich erst und nur dann rückwärtsbewegen, wenn die Gerte auf seinem Widerrist liegt, damit das Signal beim Rückwärtsgehen aus dem Hänger eindeutig bleibt.

WARUM DIESE ÜBUNG?

Die Gehe-zurück-Übung hat ihren wichtigsten Anwendungsbereich beim Verladetraining, wo das Pferd erst auf das Berühren des Widerrists mit der Gerte hin rückwärtsgehen soll. Dieses Gertensignal lässt sich aus vielen Positionen am Pferd auslösen, zum Beispiel wenn man beim Ausladen aus dem Hänger hinter dem Pferd steht.

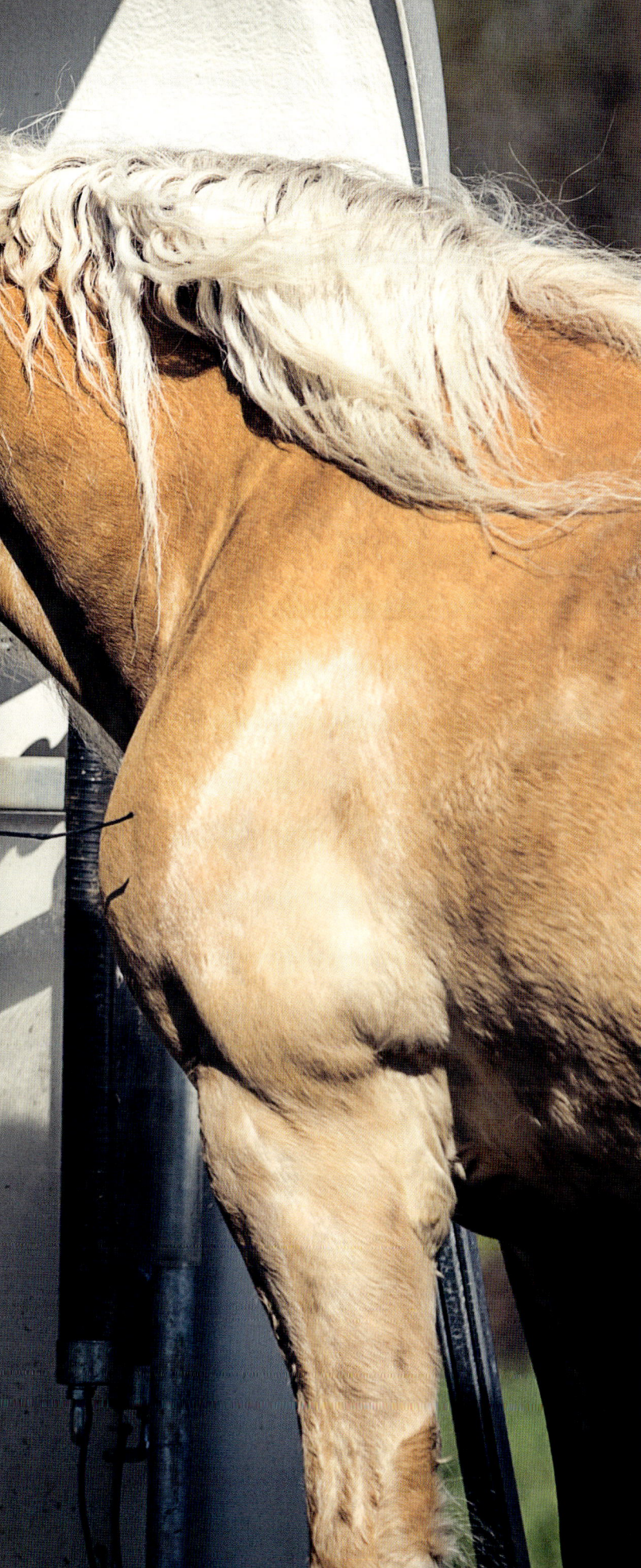

Wo ist das Problem? Stress zusammen bewältigen

Hat dein Pferd das Fundament der drei Übungen gut verinnerlicht, kannst du sie in unterschiedlichen Situationen einsetzen, die für das Pferd Stress bedeuten. In dem sich immer wiederholenden Übungsablauf, den es schon aus anderen Situationen kennt, findet das Pferd Sicherheit. Und natürlich darin, dass ihr diese Stresssituationen ausnahmslos gemeinsam bewältigt.

Die Rechts-Links-Übung hilft deinem Pferd, sich unter Stress auf dich zu konzentrieren und bei dir wieder zur Ruhe zu finden.

Die Komm-auf-mich-zu-Übung kommt überall dort zum Einsatz, wo es gilt, gemeinsam mit dem Menschen ein für das Pferd besorgniserregendes Hindernis zu überwinden wie Pfützen, Bäche oder Raschelplanen. Jede äußere Ablenkung dient dazu, das Vertrauen des Pferdes in dich zu festigen.

Die Geh-zurück-Übung ist vor allem für ein ruhiges Aussteigen aus dem Hänger von Bedeutung.

Gib dir Zeit! Die Fähigkeit, deine innere Ruhe in stressigen Situationen am Pferd beizubehalten, erfordert Training. Du solltest weder das Pferd noch dich selbst überfordern und im Zweifel immer noch mal zum Fundament der drei Übungen zurückgehen, um sie zu festigen.

Ist das Stresslevel in einer Übung für das Pferd sehr hoch, braucht es mehr Zeit und Geduld. Auch ist es ratsam, die Übung dann zuerst einmal unter erfahrender Anleitung durchzuführen.

Sicherheitshinweis

Du solltest bei allen Übungen, in denen der Stresslevel des Pferdes steigen kann, feste Schuhe anziehen, am besten mit Stahlkappen, falls das Pferd dir versehentlich auf den Fuß tritt. Weiterhin solltest du in diesen Übungen Handschuhe tragen, denn in einer Erregungssituation kann das Pferd dir versehentlich den Strick durch die Hand ziehen.

Positive Ablenkung: Futtereimer-Übung

Die Grundidee der Arbeit mit Ablenkung ist es, dem Pferd in einer Situation, in der es entweder durch einen positiven Stress auslösenden Reiz wie Futter oder einen negativen Stress auslösenden Reiz wie eine Plastikplane abgelenkt ist, zu signalisieren: Ich bin für dich wichtiger als der Reiz.

Wenn wir mit der Ablenkung durch Futter arbeiten wollen, gibt es verschiedene Möglichkeiten. Die einfachste Variante ist es, auf der Weide zu arbeiten, wenn das Pferd Gras fressen will. Wir können aber auch mit einer Futterschüssel auf dem Platz oder in der Halle arbeiten.

Die Futtereimer-Übung auf dem Platz zeigt Saskia frei mit ihrem 23-jährigen Ponyhengst Mescalino. Die beiden arbeiten schon lange zusammen und sind ein sehr gut aufeinander bezogenes Paar.

Die Schritte

Wir beschreiben jetzt den Übungsablauf mit der Futterschüssel. Gehe zunächst bitte wieder den kompletten Ablauf der Übung mental durch, bevor du sie am Pferd ausführst.

Am Anfang machen wir diese Übung mit Halfter und Strick. Du ergreifst das Strickende am Knoten, führst das Pferd auf die Futterschüssel zu und lässt es etwas fressen.

Dann initiierst du die Rechts-Links-Übung, indem du auf seine Kruppe zugehst und schaust, ob das Pferd deiner Aufforderung folgt.

Achte darauf, dass du die richtige Reihenfolge der Hilfen (Körper – Gerte – Strick) einhältst: Zuerst gehst du auf die Kruppe zu. Hat das Pferd noch nicht reagiert, wenn du auf Höhe seiner Sattellage bist, berührst du mit der Spitze der Gerte das Pferd leicht unter dem Bauch. Du beginnst mit dem progressiven Steigern des Antippens.

Alternativ kannst du die Gerte auch mit einer schnellen Bewegung sanft(!) an seine Seite legen, um dem Pferd zu sagen: »Pass auf! Konzentriere dich jetzt auf mich, anstatt auf das Futter.« Unter Pferden sind schnelle Bewegungen meistens zurechtweisend, langsame eher wohlwollend.

Hört das Pferd auch nur ansatzweise auf zu fressen und wendet sich dir zu, lobst du sofort mit der Pause. Die Länge der Pause sollte immer der Höhe der Anforderung entsprechen.

Es kann sein, dass dein Pferd die Pause nicht annimmt, weil es sofort wieder zum Futtereimer will. Dann wiederholst du das Rechts-Links.

Spürst du, dass das Pferd in der Pause deine Ruhe annimmt, kannst du es nach Abschluss der Pause in einem kleinen Bogen wieder zum Futtereimer hinführen und es fressen lassen.

Du wiederholst die Übung, bis das Pferd sich bereitwillig vom Futter löst und dir folgt. Dann kannst du wieder gemeinsam mit ihm zum Futter zurückzukehren.

Löst das Pferd sich leicht vom Futter, kannst du versuchen, die Übung frei auszuführen, wie Saskia und Mescalino es in unserer Fotostrecke tun.

1 Ich erkläre Saskia den Ablauf der Futtereimer-Übung.

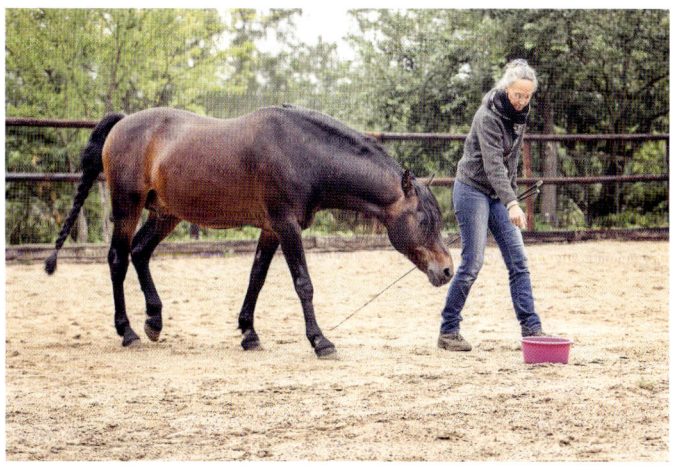

2 Sie soll Mescalino zur Futterschüssel hinführen und mit dem Fingerzeig das Fressen erlauben.

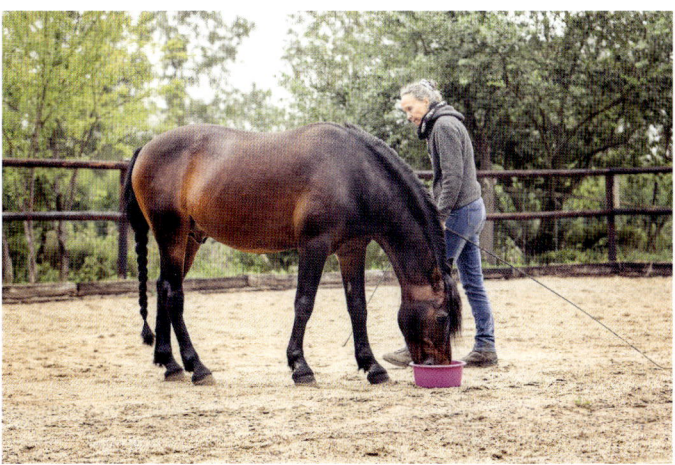

3 Nach ein paar Sekunden des Fressens begibt sich Saskia mit dem Blick auf die Kruppe in die Rechts-Links Übung und verlangt dadurch die Aufmerksamkeit von Mescalino.

4 Der Ponyhengst ist gleich bei ihr, lässt das Futter stehen und folgt Saskia mit der Vorhand, ...

5 ..., um vor ihr den Halbkreis zu kreuzen, ...

6 ..., bis er sie mit seinem Kopf blockiert.

7 Saskia lobt sofort mit der Pause ...

8 ... und zeigt Mescalino, dass er nun wieder von der Schüssel fressen darf.

9 Dann initiiert sie das Rechts-Links zur anderen Seite und Mescalino reagiert sofort.

10 Saskia geht im Halbkreis auf seine Kruppe zu.

11 Sie fordert Mescalino auf, ihr vom Futtereimer weg zu folgen.

12 Der Hengst folgt ihr widerspruchslos. Mescalino hat gelernt, dass ihm nichts verloren geht, wenn er bei Saskia bleibt.

13 Zur Belohnung führt Saskia Mescalino zum Futtereimer zurück, ...

14 ..., wo er fressen darf.

TIPPS

Achtung! Bei allen Übungen, die mit Futter-
ablenkung arbeiten, kann das Pferd auf deine
Aufforderung, das Futter zu verlassen, mit
großem Unmut reagieren. Deswegen sollte
das Fundament der drei Übungen gut gefestigt
sein, so dass das Pferd dir gegenüber respekt-
voll bleibt.

Auch solltest du das Training mit Futterablen-
kung zu Anfang nicht durchführen, wenn das
Pferd gerade hungrig ist. Du solltest ihm auch
nicht ausgerechnet sein Lieblingsfutter vor-
setzen. Ist das Pferd einmal in der Arbeit mit
positiver Ablenkung gefestigt, können wir die
Intensität der äußeren »Stressoren« steigern,
was unsere Beziehung zum Pferd weiter vertiefen wird.

Die Variante der Futterschüssel-Übung ist das
Üben mit positiver Ablenkung auf dem Gras.
Wenn ich mit meinen Pferden auf einer Wiese
frei spazieren gehe, erwarte ich, dass sie mir
folgen, solange ich mich bewege. Zwischendurch halte ich immer mal an und zeige ihnen
mit einer Geste: Jetzt darfst du wieder fressen.
Als ich mit der Herde auf Smirr lebte, konnte
ich das immer wieder beobachten: Die Leitstute
geht weiter, die anderen Pferde ziehen langsam hinterher, nehmen hier und da nochmal
ein Maul voll Gras, aber die Motivation, der
Leitstute zu folgen, ist stärker, sonst verlieren
sie den Anschluss. So bringe auch ich dem
Pferd bei: Du kannst alles tun, was du willst,
aber es gibt Regeln dafür, wann du grasen
darfst: Du musst während des Grasens meiner
Bewegung Respekt zollen. Wenn ich mich bewege, bewegst du dich.

WARUM DIESE ÜBUNG?

**Das Pferd lernt, unserer Beziehung ein größeres
Gewicht zu geben, als seinem Bedürfnis nach
Futter, weil es versteht, dass ihm mit uns zusam-
men nichts verloren geht.**

Negative Ablenkung: Plastikplanen-Übung

Mit der Plastikplane setzen wir einen negativen Stress auslösenden Reiz und meistern diesen gemeinsam mit dem Pferd durch die Komm-auf-mich-zu-Übung. Das Ziel ist es, dass das Pferd seine Angst mit mir zusammen überwindet. Denn jede Stresssituation, die wir zusammen bewältigen, vertieft unsere Beziehung.

Wir zeigen dir hier verschiedene Pferd-Mensch-Paare an verschiedenen Stadien der Plastikplane. Zuerst siehst du Frank mit seiner neunjährigen Oldenburgerstute Wilhelmina. So sieht der erste Teil der Übung aus. Ist das Pferd mit der liegenden Plastikplane vertraut, siehst du, wie Stefan die elfjährige Hannoveranerstute Daluna unter die hängende Folie führt. Das Ziel ist nicht, gleich unbedingt durchzugehen, sondern die Übung an einem für das Pferd guten Punkt zu beenden. Saskia und Mescalino, die du schon aus der Futterschüssel-Übung kennst, gehen schließlich gelassen unter der hängenden Plane durch.

Die Schritte

Die Plane, mit der wir arbeiten, sollte groß genug sein, dass das Pferd nicht in Versuchung kommt, hinüberzuspringen. Außerdem sollte sie fest genug sein, dass das Pferd beim Scharren keine Löcher hineinreißt und sich mit dem Eisen darin verfängt. An einem windigen Tag sollten wir die Plane zusätzlich mit Sand beschwere, damit sie nicht ungewollt hochflattert.

Weiterhin sollte das Fundament der drei Übungen gut gefestigt sein, so dass das Pferd gelernt hat, uns vertrauensvoll zu folgen.

Du führst das Pferd auf die Plane zu. Die Übung fängt genau da an, wo das Pferd zum ersten Mal stockt. Das kann für manche Pferde zehn Meter vor der Plane sein, für andere kurz davor.

Stockt das Pferd nicht, halte es ca. einen Meter vor der Plane an und beginne die Übung dort.

Wir lassen das Pferd bei dieser Methode nicht an der Plane riechen. Es soll hier nicht auf seine eigene Wahrnehmung vertrauen, sondern auf dich. Indem du dich vor dem Pferd der Plane näherst, signalisierst du ihm, dass keine Gefahr droht.

Du beginnst die Komm-auf-mich-zu-Übung am kurzen Strick, machst einen Schritt zurück Richtung Plane und gibst das Gertensignal auf die Schulter. Du steigerst das Antippen progressiv, bis das Pferd reagiert.

Bewegt sich das Pferd etwas auf dich zu, lobst du sofort mit der Pause. Die Länge der Pause sollte immer der Höhe der Anforderung entsprechen.

Es geht hier in erster Linie nicht darum, dass das Pferd über die Plane geht, sondern darum, dass es dir unter Ablenkung oder Stress entspannt folgt. Deswegen flechten wir im Verlauf der Übung auch immer wieder die Geh-zurück-Übung ein, denn das entspricht dem natürlichen Erkundungsverhalten des Pferdes von Vorstoß und Rückzug. Dir selbst hilft es, zu entspannen und dein Festhalten an der Idee loszulassen, das Pferd müsste unbedingt über die Plane gehen.

Zeigt das Pferd zehn Meter vor der Plane schon Stress und du beendest die Übung an diesem Tag bei neun Metern vor der Plane mit einem entspannten Pferd, war dein Training erfolgreich.

A. Über die Plane drüber

A1 Wilhelmina folgt Franks Antippen im Komm-auf-mich-zu ...

A2 ... und kommt Schritt für Schritt zu ihm auf die Knallfolie.

A3 Ich erkläre Frank den weiteren Ablauf der Übung:

A4 Oft erschrecken Pferde, wenn ihre Hinterbeine zum ersten Mal die Knallfolie oder Plane betreten, ...

A5 ..., denn in dieser Kopfhaltung kann das Pferd seine Hinterbeine nicht sehen.

A6 Das Erschrecken kann beim Fluchttier Pferd eine heftige Ausweichreaktion hervorrufen.

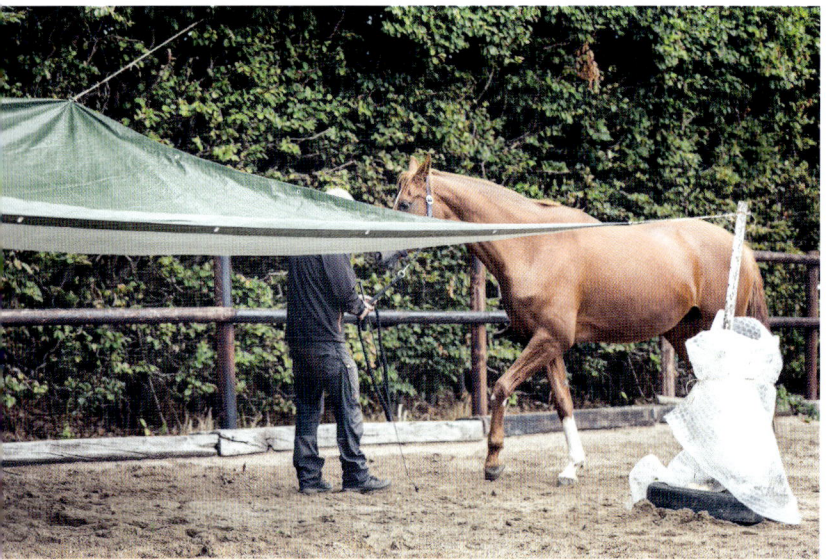

Unter der Plane durch

B1 Im nächsten Schritt können wir mit der Komm-auf-mich-zu-Übung auch die in Widerristhöhe hängende Plane meistern.

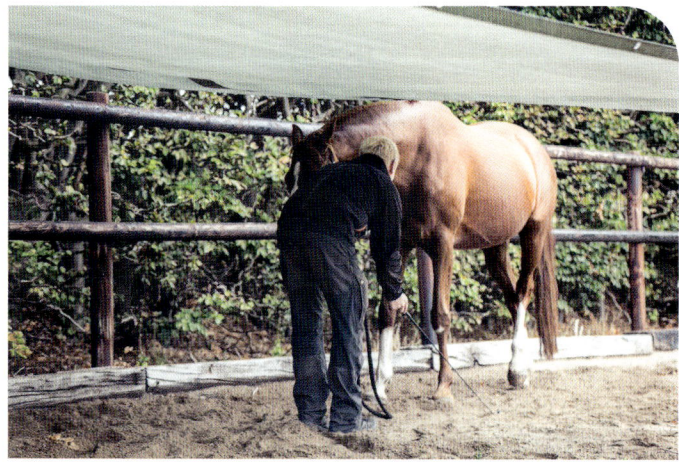

B2 Schon wenn das Pferd seinen Kopf unter die Plane senkt, biete ich ihm als Lob eine lange Pause an.

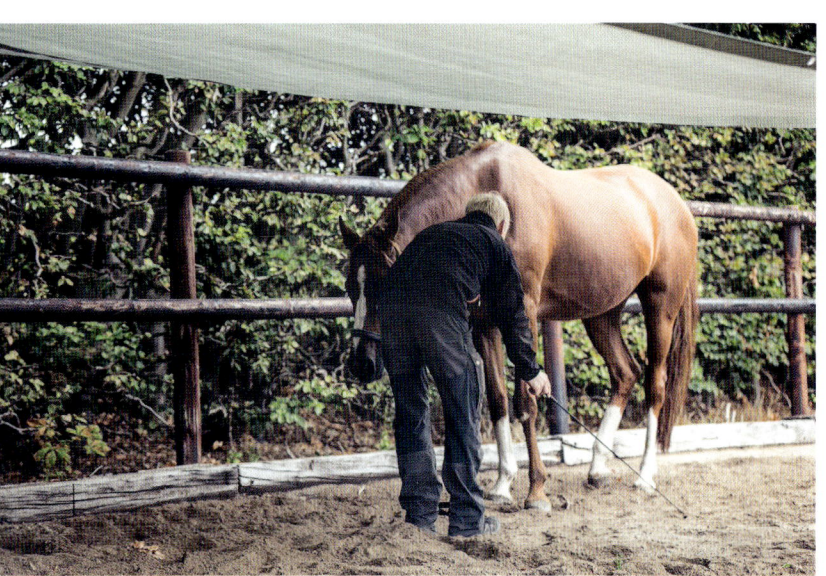

B3 Auf das Schulterantippen hin geht es mit kleinen Schritten weiter. Nach jedem Schritt lobe ich mit der Pause, denn es geht um ein entspanntes, kontrolliertes Durchgehen.

B4 Dabei sollte man auf genügend Abstand zwischen der Reitplatzbegrenzung und sich selbst achten, falls das Pferd nach vorne springt, um die Plane schnell hinter sich zu bringen.

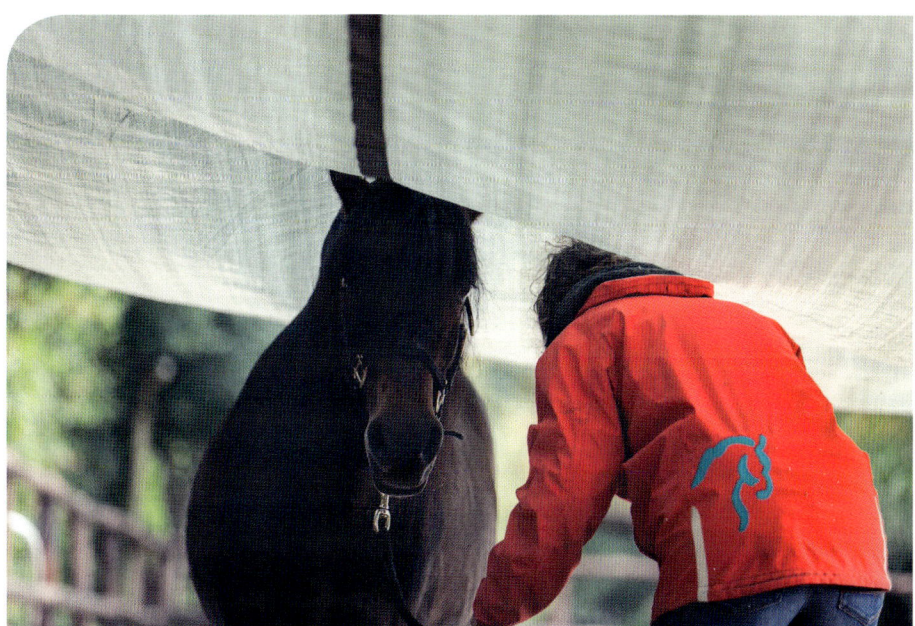

C1 Mescalino berührt hier beim Durchgehen die Plane mit den Ohren. Er bleibt dabei ruhig, weil er sich bei Saskia sicher fühlt.

TIPPS

Beim ersten Betreten der Plane durch dich oder das Pferd kann es, ausgelöst durch das Raschelgeräusch, eine heftige Reaktion geben, indem das Pferd nach hinten springt. Dann ist es wichtig, nicht gegenzuhalten, sondern mitzugehen, das Pferd aber sofort durch Antippen aufzufordern, die Distanz zwischen euch beiden wieder zu verkürzen.

Das Gleiche kann noch einmal passieren, wenn die Hinterbeine des Pferdes die Plane betreten. Hier müssen wir unbedingt auf unsere Position achten: Das Pferd muss immer seitlich an uns vorbei können, wenn es durch ein Vorspringen die Plane schnell hinter sich bringen will.

Wenn dein Pferd Probleme hat, durch Pfützen zu gehen, kannst du die Plane auf Sand auslegen und ein paar Kuhlen mit Wasser füllen. Dann kannst du alle drei Übungen dazu nutzen, dass dein Pferd dir Schritt für Schritt durch die Pfütze folgt. Du musst natürlich auch durchgehen. Vergiss nicht, jede kleinste Bewegung in die richtige Richtung mit der Pause zu loben. Die Länge der Pause sollte immer der Höhe der Anforderung entsprechen.

C2 Ist das Pferd komplett unter der Plane durchgegangen, sollten wir das Komm-auf-mich-zu auf der anderen Seite noch ein paar Schritte weiterführen.

WARUM DIESE ÜBUNG?

Das Pferd lernt, mir auch unter Stress zuzuhören und mein ruhiges Verhalten zu übernehmen, anstatt selbst eine Entscheidung zu treffen, die für alle Beteiligten gefährlich werden kann.

Aus der Not eine Tugend machen: Verladetraining

Das Verladen ist für viele Pferde die größte Stresssituation ihres Lebens. Auch für viele Menschen ist das Verladen hoch emotional und stressbelastet.

Ist das Fundament der drei Übungen gefestigt, und haben wir schon mit dem stressauslösenden Reiz der Plastikplane geübt, ist das Verladetraining nur eine natürliche Erweiterung dieses Weges.

Das Ziel des Verladetrainings ist nicht, das Pferd irgendwie in den Hänger zu verfrachten, sondern am Stressor »Hänger« unsere Beziehung weiter zu vertiefen. Deshalb sollte dafür immer genug Zeit zur Verfügung stehen, ohne Druck durch irgendwelche äußeren Umstände.

Eine kleine Geschichte zu unserer Fotoserie. Fenja kümmert sich um den siebenjährigen Haflingerwallach Joshi, der bei ihr am Stall steht. Von Kindheit an fährt sie jeden Sommer nach Büsum und dieses Jahr wollte sie Joshi gerne mitnehmen an die Nordsee. »Kannst du machen, wenn du ihn auf den Hänger kriegst«, meinte seine Besitzerin zu ihr. Abgesehen davon, dass der Haflinger bisher nur einmal in seinem Leben Hänger gefahren war, hatte Fenja mit ihrem eigenen Pferd in der Vergangenheit schwierige Verladeerfahrungen gemacht. Doch sie nahm die Herausforderung an. Am ersten Tag wiederholte sie mit Stefan und Joshi die drei Übungen, dann übte Stefan mit ihm die Grundlagen des Verladens. Schon am nächsten Tag konnte Fenja den Haflinger allein in den Hänger führen. Einer Woche Nordseeurlaub mit Joshi steht nun nichts mehr entgegen!

Die Schritte

Vorbereitung des Hängers, des Verladeplatzes und des Pferdes

Wir setzen voraus, dass der Hänger allen Sicherheitsanforderungen entspricht.

Die Rampe sollte weiterhin fest am Boden aufliegen, so dass sie beim Betreten nicht kippelt.

Verfügt der Hänger hinten über eine Plane, sollte sie sicher hochgebunden sein.

In den ersten Übungssequenzen ist es ratsam, die Trennwand zur Seite zu scheiben oder sogar zu entfernen, und die Bruststange auf der Seite, wo das Pferd stehen soll, herauszunehmen. So steht mehr Raum zur Verfügung und man wird nicht eingeklemmt, wenn das Pferd plötzlich in den Hänger hineinspringt. Idealerweise üben wir zuerst in einem eingezäunten Platz mit weichem Boden, wie einer Halle oder Weide.

Auch am Pferd solltest du bei Bedarf die nötigen Sicherheitsvorkehrungen treffen (z. B. Springglocken oder bandagierte Beine), dass es sich nicht verletzen kann.

Abseits des Verladeplatzes solltest du vorab das Fundament der drei Übungen überprüfen und nach Möglichkeit nochmal die Plastikplanen-Übung durchführen.

Das Verladen

Du führst das Pferd auf die Rampe zu. Die Übung fängt an, wenn das Pferd zum ersten Mal stockt: Wie beim Komm-auf-mich-zu und bei der Plastikplanen-Übung arbeitest du am kurzen Strick, machst einen Schritt zurück Richtung Rampe, gibst das Gertensignal auf die Schulter und steigerst progressiv, bis das Pferd einen Schritt auf dich zukommt. Dann lobst du sofort mit der Pause. Die Länge der Pause sollte immer der Höhe der Anforderung entsprechen.

1 Die Trennwand
sollte anfangs zur
Seite geschoben
sein und die
Bruststange
entfernt.

Auch hier ist es ganz wichtig, immer wieder die Geh-zurück-Übung einzubauen, vor allem bei Pferden, die sich angewöhnt haben, rückwärts aus dem Hänger zu schießen. Sie müssen lernen, dass sie auch langsam und kontrolliert zurückgehen können, und zwar nur auf unseren Gertenimpuls hin. Mit solchen Pferden ist es ratsam, sich zunächst nur zentimeterweise vor- und zurückzubewegen.

Es geht beim Verladetraining nicht darum, dass das Pferd im Hänger steht, sondern dass wir uns in dieser Stresssituation sein Vertrauen erarbeiten. Wie in allen anderen Übungen ist die Beziehungsqualität, in der wir mit dem Pferd zusammen den Weg gehen, wichtiger als das Ergebnis. Das gilt umso mehr für eine hochstressige Situation wie das Verladen.

Oft sind in einer Verladesituation Leute anwesend, die das Verladen lauthals kommentieren und verkünden, wenn das Pferd nicht in den Hänger ginge, hätte man verloren. Wir sollten sie ruhig darauf hinweisen, dass wir einen Plan verfolgen und wissen, was wir tun.

Sobald wir eine positive Verbesserung zu vorherigen Verladesituationen erreicht haben, dürfen wir das Training für diesen Tag beenden. Das Pferd erinnert sich immer an das letzte Verladen. Hat es heute an einem entspannten und ruhigen Punkt geendet, können wir morgen genau dort weitermachen.

2 Jeden Schritt, den das Pferd auf den Hänger zukommt, belohne ich mit der Pause.

3 Mit dem Antippen der Schulter signalisiere ich dem Pferd, weiter auf mich zuzukommen.

4 Geht das Pferd auf mein Antippen hin flüssig vorwärts, setze ich den Gertenimpuls so lange aus, wie das Vorwärts andauert. Wir nutzen das Antippen also nur, wenn wir es brauchen.

5 Wenn das Pferd ganz ohne Antippen auf mich zukommt, gehe ich mit ihm einfach immer weiter in den Hänger rein.

6 Diese Schritte belohne ich dann umgehend mit der Pause.

7 Auch das Geh-zurück sollte man immer wieder einflechten.

8 Auf das Antippen des Widerrists hin sollte das Pferd kontrolliert rückwärts von der Rampe heruntergehen.

9 Während ich ein freies Vorwärts zulasse, sollte das Pferd sich wirklich nur unter meinem Gertensignal rückwärtsbewegen.

10 Das Sich-seitlich-Stellen des Pferdes korrigiere ich mit dem Geh-zurück, bis es von der Rampe wieder runter ist.

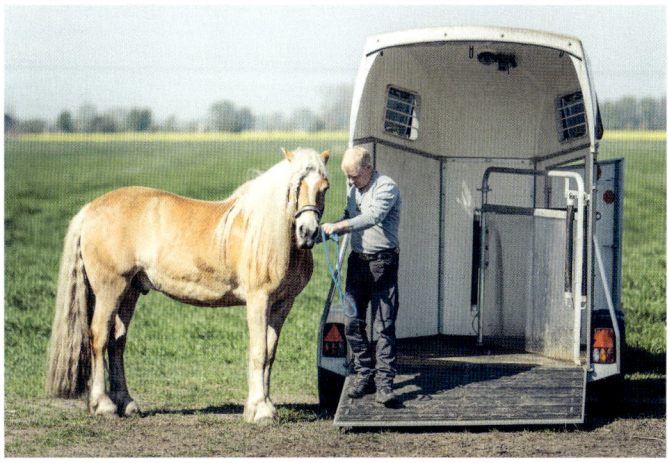

11 Dann lege ich die Gerte an die Flanke an und steigere das Antippen progressiv, bis das Pferd wieder gerade vor der Rampe steht.

12 Stellt das Pferd sich auch auf der anderen Seite quer, braucht man die Gertenhand beim Antippen nicht zu wechseln. Ich schaue jedoch immer auf die Stelle, wo das Pferd hin soll.

13 Ich lege mir den Strick manchmal über die Schulter, um unnötige Schlaufen zu vermeiden.

2.Tag
Verladetraining mit Fenja

1 Am nächsten Tag will Fenja Joshi selbst verladen. Ich stehe ihr dabei zur Seite.

2 Das Pferd immer wieder mit der Pause zu loben, lässt das Verladen in einer entspannten Atmosphäre ablaufen.

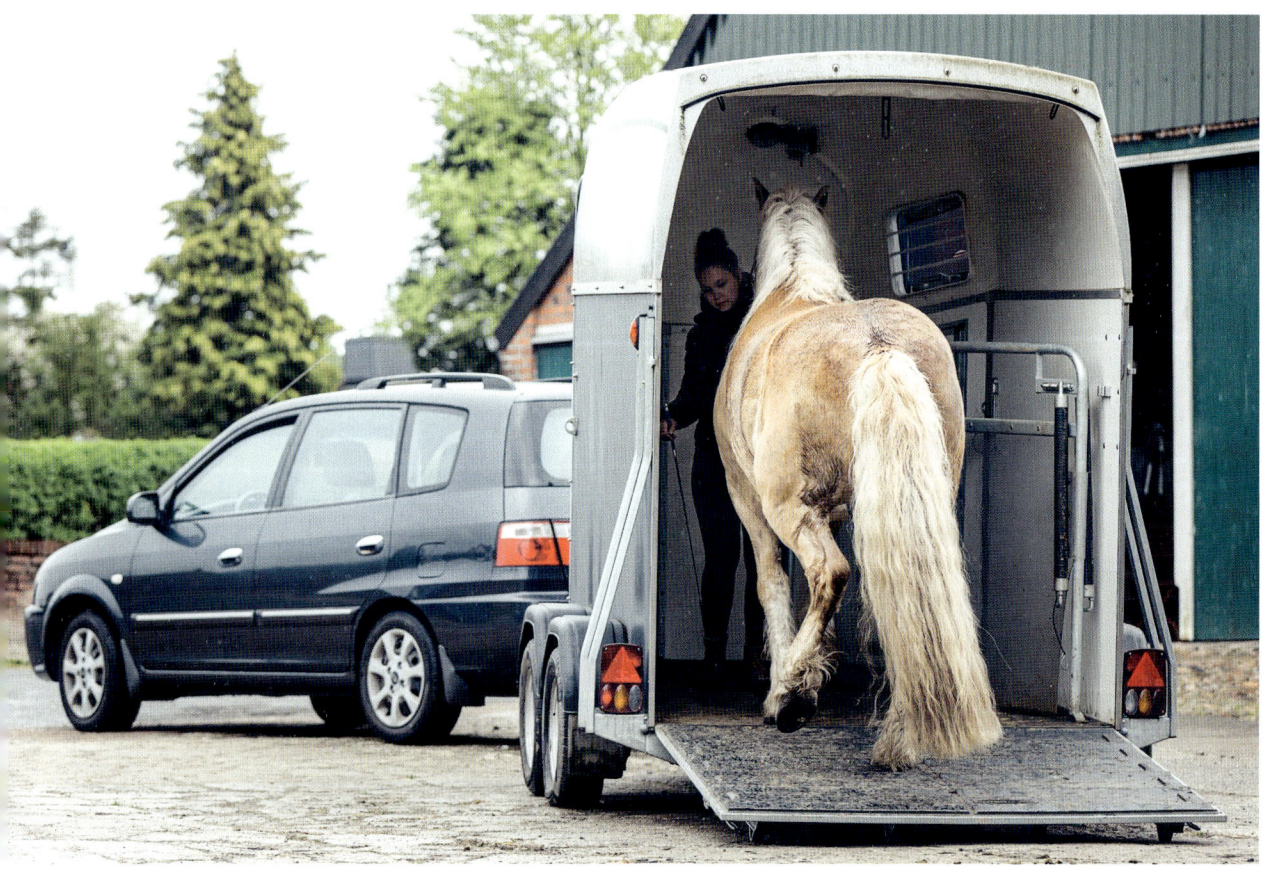

B3 Nach kurzer Zeit folgt Joshi Fenja problemlos in den Hänger.

B4 Jetzt steht einem gemeinsamen Urlaub am Meer nichts mehr entgegen.

TIPPS

Du kannst dir das Strickende auch über die Schulter legen, um unnötige Schlaufen zu vermeiden. Wenn ein Pferd Probleme mit dem Verladen hat, können am Hänger verschiedene Situationen entstehen. Die Grundidee zur Lösung all dieser Situationen ist es, das Pferd selbst herausfinden zu lassen, welche seiner Verhaltensweisen ihm eine angenehme Erfahrung bringt, indem wir alles unerwünschte Verhalten für das Pferd durch Antippen unbequem machen.

Stellt das Pferd sich quer vor die Rampe, korrigieren wir es mit ausgestrecktem Arm und Gerte (progressives Antippen) und bringen es so wieder frontal vor die Rampe. Dort loben wir mit der Pause. Das Pferd lernt: Quer zum Hänger stehend ist unangenehm, frontal zum Hänger stehend ist angenehm. Das macht irgendwelche seitlichen Begrenzungen und Longen beim Verladen überflüssig.

Weigert das Pferd sich, vorwärtszugehen, erhöht man das progressive Antippen, bis es einen Schritt nach vorne macht. Das Pferd lernt: Einen Schritt auf uns zuzumachen fühlt sich gut an, stehen zu bleiben fühlt sich nicht so gut an. Wir loben jeden Schritt sofort mit der Pause. Die Länge der Pause sollte immer der Höhe der Anforderung entsprechen. Im Folgenden verschieben wir auf diese Weise die Wohlfühlzone des Pferdes immer weiter ins Innere des Hängers hinein.

Geht das Pferd unaufgefordert rückwärts, begleiten wir es ohne am Strick zu ziehen, jedoch unter stetigem Antippen der Schulter. Wir bestehen also auf das Vorwärts, bis das Pferd von sich aus stehen bleibt und machen eine nur kurze Pause. Dann geben wir erneut das Vorwärts-Signal auf die Schulter, bis das Pferd einen Schritt auf uns zu macht. Dann loben wir mit einer langen Pause. So ermöglichen wir dem Pferd die Erfahrung, dass es unangenehm ist, wenn es selbst zurückgeht, und angenehm, wenn wir es zurückschicken.

WARUM DIESE ÜBUNG?

Primär dient das Verladetraining der Beziehungsvertiefung! Sekundär dem sicheren und stressfreien Transportieren des Pferdes.

Vertrauenssache: Zusammen schwimmen

Der Weg ins Wasser führt nur über das Vertrauen. Eigentlich lieben Pferde Wasser und Wildpferdeherden suchen Wasserstellen nicht nur zum Trinken auf, sondern auch um zu planschen oder sich darin zu wälzen. Den meisten unserer domestizierten Pferde fehlt jedoch die Erfahrung mit natürlichen Wasserquellen. Durch welche Koppel läuft schon ein Bach?

Das Zögern eines Pferdes angesichts einer Pfütze, eines Flusses oder Sees hat erstmal nur damit zu tun, dass sie aufgrund ihres Sehvermögens im Nahbereich sowie aufgrund der spiegelnden Oberfläche nicht erkennen können, wie tief das Gewässer ist. Und auch wir sollten unser Pferd niemals in ein Gewässer hineinführen, das wir vorher nicht selbst genau erkundet haben.

Bevor du dein Pferd in einen flachen Fluss oder See führst, sollte es grundsätzlich an Wasser gewöhnt sein, also zum Beispiel vertraut sein mit dem Durchqueren von Pfützen sowie mit dem Abspritzen durch einen Schlauch.

Stefan zeigt das Schwimmen hier mit Araberwallach Skol. Der See in der Nähe seines Stalls bietet ideale Bedingungen dafür, weil Stefan zuerst auf festem Boden stehen bleiben kann, während das Pferd einmal um ihn herumschwimmt. Danach schwimmen beide zusammen.

Sicherheitshinweise vor dem Wassertraining

Hier solltest du zu Anfang Handschuhe sowie festes Schuhwerk tragen, am besten mit Stahlkappen. In Bächen und Flüssen empfiehlt es sich, die Schuhe auch später anzubehalten, weil du so im unebenen Untergrund einen besseren Halt hast.

Du solltest dich damit vertraut machen, wie es ist, mit Schuhen und unter Umständen auch mit Kleidung zu schwimmen, bevor du mit deinem Pferd schwimmst.

Den Ufergrund von Flüssen und Bächen solltest du vorher gründlich auf große Steine oder Wurzeln absuchen. Auch musst du die Trittfestigkeit des Ufers prüfen. Ist es unterspült und bricht ab, wenn das Pferd darauf tritt, kann es in Panik geraten.

In einen See sollte es unbedingt flach reingehen. Pferde laufen so lange mit den Hinterbeinen, bis sie keinen Boden mehr unter den Hufen spüren. Dann erst beginnen sie zu schwimmen.

Die Schritte

Das Fundament der drei Übungen sollte gut gefestigt sein und auch die Übung mit negativer Ablenkung (Plastikplane) sollte das Pferd mit dir zusammen bereits gemeistert haben.

Du führst das Pferd auf das Ufer zu. Die Übung beginnt auch hier an dem Punkt, wo das Pferd zum ersten Mal zögert. Du beginnst wie immer die Komm-auf-mich-zu-Übung am kurzen Strick, machst einen Schritt zurück Richtung Wasser und gibst das Gertensignal auf die Schulter.

Du steigerst das Antippen progressiv, bis das Pferd reagiert.

Bewegt sich das Pferd etwas auf dich zu, lobst du sofort mit der Pause. Die Länge der Pause sollte immer der Höhe der Anforderung entsprechen.

Der Erregungspegel des individuellen Pferdes entscheidet über das weitere Vorgehen:

1 Auch im Wasser setze ich das Gertensignal auf der Schulter ein, damit das Pferd auf mich zukommt.

2 Nach jedem Schritt biete ich ihm meine Ruhe in der Pause an.

3 Ich fordere das Pferd mit dem Antippen der Gerte auf, einen Schritt nach vorne ins tiefe Wasser zu machen, während ich dort stehen bleibe, wo ich noch Boden unter den Füßen habe.

Ist es sehr gestresst, entsprechen wir dem natürlichen Erkundungsverhalten des Pferdes von Vorstoß und Rückzug und flechten im Weiteren immer wieder die Geh-zurück-Übung ein.

Reagiert das Pferd eher neugierig auf das Wasser, gehen wir einfach rückwärts immer weiter hinein, bis das Pferd zu schwimmen beginnt. Spätestens dann sollten wir an die Seite des Pferdes wechseln, dem schwimmenden Pferd auf Widerristhöhe in die Mähne greifen und uns paddelnd mitziehen lassen.

4 Das Pferd geht solange im Wasser, bis es den Boden unter den Füßen verliert.

5 Irgendwann fängt es an zu schwimmen.

6 Pferde wissen so lange nicht, dass sie gut schwimmen können, bis sie es ausprobiert haben.

7 Sie ziehen beim Schwimmen die Nüstern hoch, damit kein Wasser hineinläuft und sie weiteratmen können.

8 Das Pferd schwimmt jetzt im tiefen Wasser um mich herum, während ich noch auf festem Grund stehe.

9 Wir sollten das schwimmende Pferd mit dem Strick auf keinen Fall aus der Balance bringen.

10 Wenn wir mit dem Pferd zusammen schwimmen, sollten wir uns seitlich von ihm bewegen, damit wir nicht von seinen beim Schwimmen weit ausholenden Vorderbeinen getroffen werden.

TIPPS

Selbst ein Pferd, das sich vor dem Wasser nicht fürchtet, wird beim ersten Mal sehr erregt sein. Viele Pferde wissen nicht, dass sie schwimmen können, weil sie es noch nie ausprobieren konnten. Sie rudern beim Schwimmen mit allen Vieren, ähnlich wie Hunde und holen mit den Vorderbeinen weit aus. Bleibe deshalb immer seitlich am schwimmenden Pferd, damit es dich nicht mit den Vorderhufen trifft.

Wenn das Pferd schwimmt, schaut nur noch sein Kopf und der obere Teil des Halses aus dem Wasser. Damit kein Wasser in die Nase kommt und es weiteratmen kann, zieht es die Nüstern hoch. Deshalb solltest du dich beim Schwimmen auf keinen Fall am Halfterstrick festhalten und so seine Nase ins Wasser ziehen.

WARUM DIESE ÜBUNG?

Ins Wasser zu gehen und zu schwimmen ist für das Pferd keine alltägliche Situation. Tut es das mit uns gemeinsam, ist das ein sehr hoher Vertrauensbeweis. Du hilfst ihm zusätzlich, das Wasser als eine Quelle von Spaß und Freude zu entdecken.

Immer mehr eins werden: Vertiefende Übungen

Die folgenden Übungen zu meistern ist aus den unterschiedlichsten Gründen für Mensch und Pferd eine Herausforderung. Intuitiv zu wissen, was genau wir in einem gegebenen Moment tun können oder sollten und das auch mit dem bestmöglichen Timing zu tun, erfordert viel Erfahrung. Gleichzeitig ist es ein Weg, auf dem wir immer häufiger spüren, wie wir im selben Moment wie das Pferd einen bestimmten Gedanken fassen und so fühlen, mit dem Pferd eins zu sein. Auf dem Weg der »Feinen Sprache« geht es nicht weiter, sondern es geht immer nur noch tiefer.

Longieren mit den Augen

Das Longieren mit den Augen ist ein Dialog, der die Beziehung mit deinem Pferd vertieft und eure Kommunikation verfeinert. Bei dieser Art des Longierens geht es nicht um rein körperliches Training, in seiner entwickelten Form hat es aber eine gymnastizierende Wirkung.

Das Longieren mit den Augen entsteht aus der Führübung. Dort hatten wir dem Pferd vermittelt, dass es uns mit der Schulter nicht überholen darf. Im Longieren treiben wir nun die Schulter des Pferdes aktiv an uns vorbei.

Die Rechts-Links-Übung ist die Voraussetzung für das Longieren mit den Augen. Das Pferd muss sich bei unserem Blick auf seine Kruppe daran erinnern, wie es uns anhalten kann.

In unseren Fotostrecken zum Longieren siehst du Stefan mit dem dreijährigen PRE-Hengst Hidalgo, der zu diesem Zeitpunkt etwa eine Woche Erfahrung in der »Feinen Sprache« hat. Bei Saskia und Mescalino, der sehr gut gymnastiziert ist, siehst du, wie du das Pferd später allein über die Vorwegnahme des Augenspiels in Biegung und Stellung einladen kannst.

Die Schritte

Wir beschreiben wieder den vollständigen und idealen Ablauf der Übung. Erwarte nicht, dass sie gleich so funktioniert, sondern lobe jeden Schritt in die richtige Richtung deines Pferdes mit der Pause.

Übergang vom Führen zum Longieren mit den Augen

Du führst das Pferd im Schritt auf seiner bevorzugten Hand, die Gerte hältst du auf der dem Pferd zugewandten Körperseite. (Achtung! Das ist die einzige Übung, bei der die Gertenhand wechselt.)

Dein Arm mit der Gertenhand schiebt sich nun nach hinten und hebt sich langsam, aber stetig, bis das Pferd seine Schulter an dir vorbeischiebt.

Du begleitest das Pferd mit deinen Schritten und bist in Gehrichtung ausgerichtet, nicht zum Pferd.

Dein Blick richtet sich dabei vor der Nase des Pferdes auf den Boden. Stelle dir vor, deine Augen sind Scheinwerfer, und du musst deinem Pferd den Weg leuchten.

Bist du mit dem Pferd auf diese Weise eine Runde gegangen, beginnt dein Augenspiel.

Handwechsel einleiten über das Augenspiel

Blicke ca. drei Sekunden mit deinem Auge in das Pferdeauge, während dein Körper in unveränderter Ausrichtung weiter nach vorne geht. Dann blicke ca. drei Sekunden auf den Widerrist des Pferdes. Weder dein Körper, noch dein Kopf sollten dabei ihre Ausrichtung verändern, während du weiter neben dem Pferd gehst. Die dritte Position des Augenspiels ist der Blick auf die Kruppe. Hier dreht sich dein Kopf unter Umständen minimal zu Seite, je nachdem, wo dein Pferd sich in Relation zu dir befindet.

Nach ca. drei Sekunden des Blicks auf die Kruppe richtest du auch deinen Körper zur Kruppe aus, so dass du für einen Moment mit der Körpermitte parallel zum Pferd stehst. Dann gehst du auf die Kruppe zu.

Das Pferd, das die Rechts-Links-Übung kennt, wird sich auf diese Körperbewegung hin daran erinnern, dass es nun die Möglichkeit hat, dich aktiv anzuhalten. Wie in der Rechts-Links-Übung dreht es sich dir mit der Vorhand zu und schiebt seinen Kopf vor dich. Das belohnst du sofort mit der Pause.

Sein Blockieren ist zugleich dein Richtungswechsel auf die andere Hand. Wechsle die Gerten- und Strickhand und schicke das Pferd an dir vorbei in die neue Richtung.

Übergang vom Führen zum Longieren mit den Augen

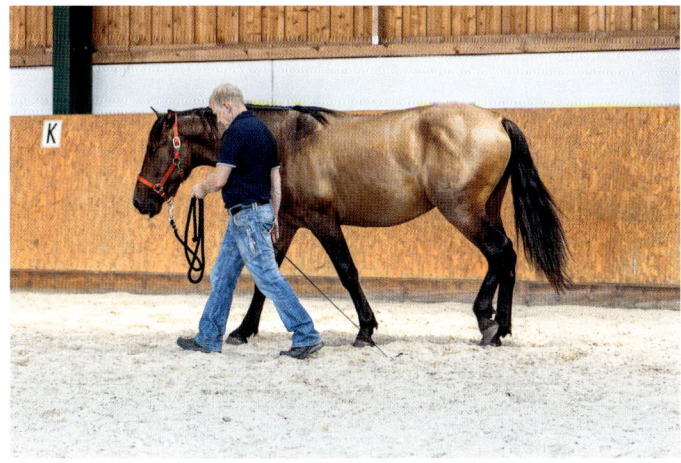

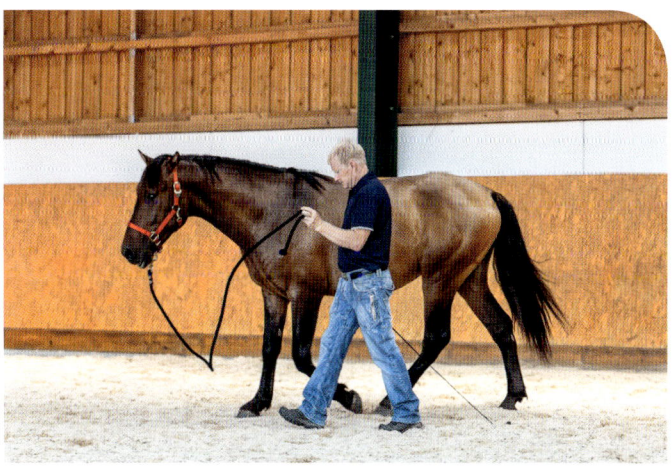

2 Wechsle ich ins Longieren, schicke ich das Pferd an mir vorbei, so dass ich nun HINTER die »Mitte des Pferdes« (gedachte Lotlinie auf der Schulter) komme. Das wirkt treibend.

1 Das Longieren entwickelt sich aus dem Führen, wo wir VOR der »Mitte des Pferdes« (gedachte Lotlinie auf der Schulter) gehen.

3 Mit dieser Handbewegung in Richtung der »Mitte des Pferdes« kann ich den Abstand zu mir vergrößern.

Führung der Gertenhand zum Temposteigern

Wenn du die Gerte nicht brauchst, hängt die Gertenhand entspannt am Körper herab und die Spitze der Gerte schleift über den Boden. So gibt sie kein Signal. Willst du in eine höhere Gangart wechseln, hast du ein ganzes Spektrum an Möglichkeiten, je nachdem, wie fein das Pferd auf dich reagiert: Du spreizt zunächst lediglich deine hinteren Finger der Gertenhand etwas ab. Genügt diese leicht erhöhte Körperspannung nicht, um eine Beschleunigung des Pferdes herbeizuführen, streckst du den Arm mit der Gerte langsam nach hinten aus. Genügt das immer noch nicht, geht der gestreckte Arm mit der Gerte hinter deinem Körper nach oben. Reicht auch das noch nicht, geht die Gerte in einer schnellen Bewegung zum Boden, wobei sie ein zischendes Geräusch erzeugt. Sollte das Pferd daraufhin immer noch nicht mit einer Beschleunigung seines Tempos reagieren, kannst du es mit der Gertenspitze an der Flanke berühren und das Antippen progressiv steigern, bis das Pferd eine Tempobeschleunigung erkennen lässt. Dann unterbrichst du sofort das Signal und belohnst mit der Pause. Das Pferd wird mit fortschreitender Übung die Signale der Gertenhand vorwegnehmen und bald schon auf das Abspreizen der Finger reagieren.

Vorwegnahme des Augenspiels

Ist das Longieren mit den Augen gefestigt, erkennt das Pferd den Ablauf und beginnt ihn vorwegzuneh-men. Das können wir nutzen, um allein über das Auge spezifische Impulse zu geben: Sobald du vom Boden in das Pferdeauge schaust (1. Position des Augenspiels), wird das Pferd in Vorwegnahme des Hand-wechsels sein Tempo verringern. Damit kannst du das Tempo in einer Gangart verlangsamen oder in eine niedrigere Gangart wechseln.

Weiterhin lässt sich mit dem Auge ein Punkt finden, an dem das Pferd in Vorwegnahme des Eindrehens seine innere Schulter anhebt und sich im Genick stellt. Dieser Punkt kann individuell verschieden auf dem Kopf oder zwischen Kopf und Widerrist liegen und ist je nach Händigkeit des Pferdes nochmal leicht verschoben – das musst du herausfinden. Hast du ihn gefunden, verweilt dein Auge dort. So kannst du das Pferd allein mit dem Auge in Biegung und Stellung auf der Kreislinie longieren, wie Saskia es schön in der Sequenz mit Mescalino zeigt. Vorausgesetzt natürlich, das Pferd ist in der Lage, gebogen zu laufen. Anfangs kannst du es vielleicht nur für ein paar Sekunden halten, später kannst du es immer länger ausdehnen.

Handwechsel einleiten über das Augenspiel

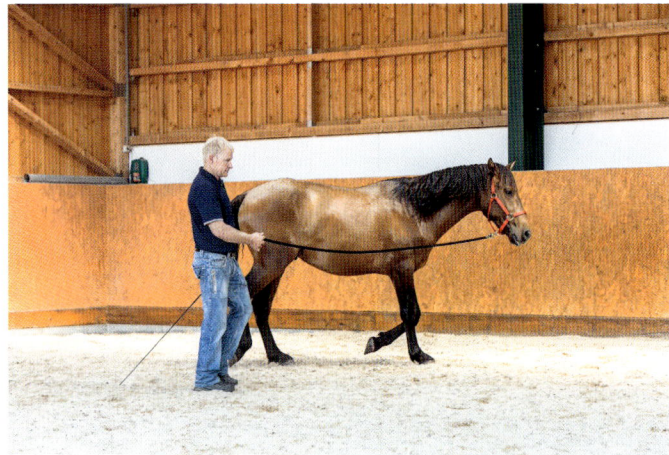

1 Ich richte meinen Blick vor der Pferdenase auf den Boden, als wären meine Augen eine Taschenlampe, die den Weg ausleuchtet.

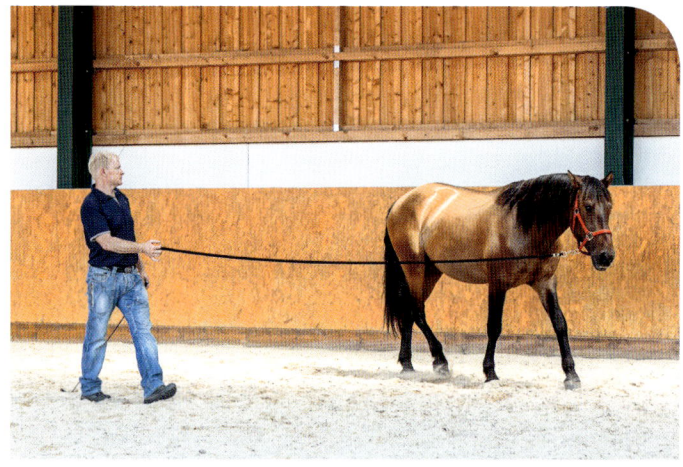

2 Um den Handwechsel einzuleiten, schaue ich dem Pferd zuerst 3 Sekunden ins Auge, …

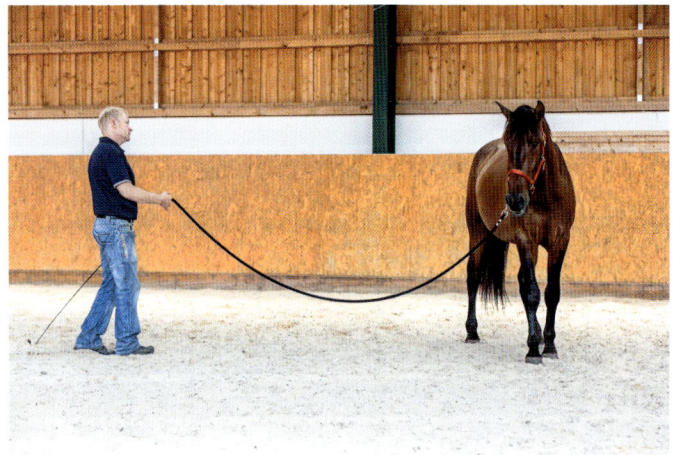

3 …, dann 3 Sekunden auf den Widerrist, …

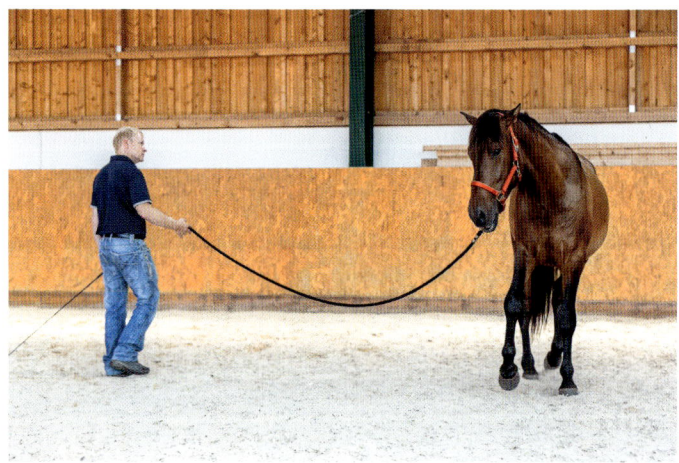

4 …, schließlich wende mich 3 Sekunden zur Kruppe. Das Pferd beginnt sich daraufhin einzudrehen.

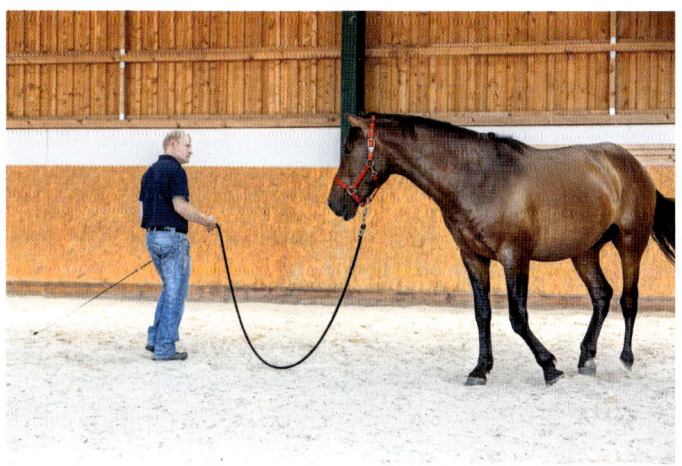

5 Hidalgo schaut mich aufmerksam an. Er erinnert sich, dass er mich jetzt über das Rechts-Links blockieren kann.

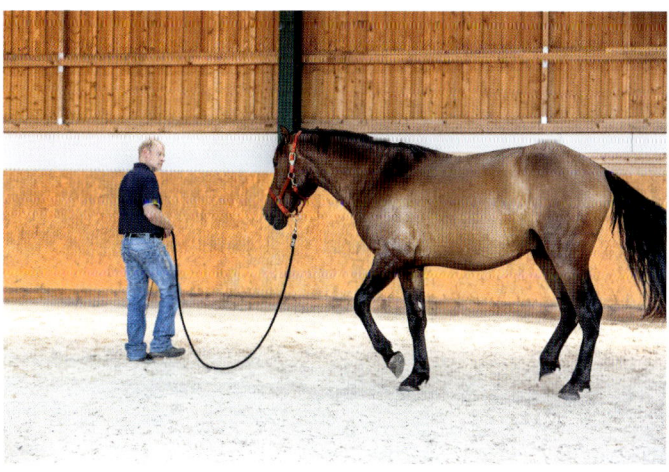

6 Ich gehe weiter im Halbkreis auf seine Kruppe zu, während das Pferd mit der Vorhand weiter auf mich zukommt. Hier ist es nun ganz wie in der Rechts-Links Übung.

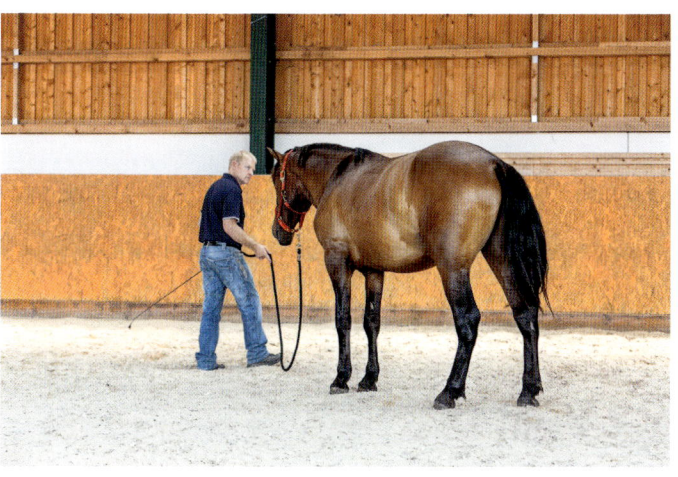

7 Noch verharrt mein Blick auf der Kruppe, weil der Kopf des Pferdes noch nicht vor mir ist.

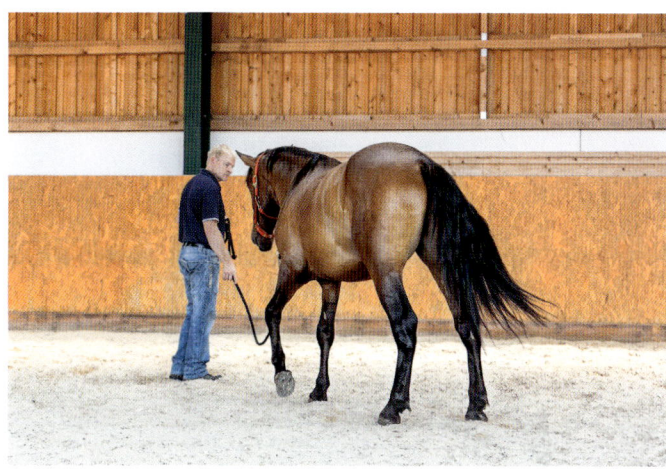

8 Sobald Hidalgo mich mit dem Kopf blockiert, wende ich sofort den Blick zu Boden für die Pause.

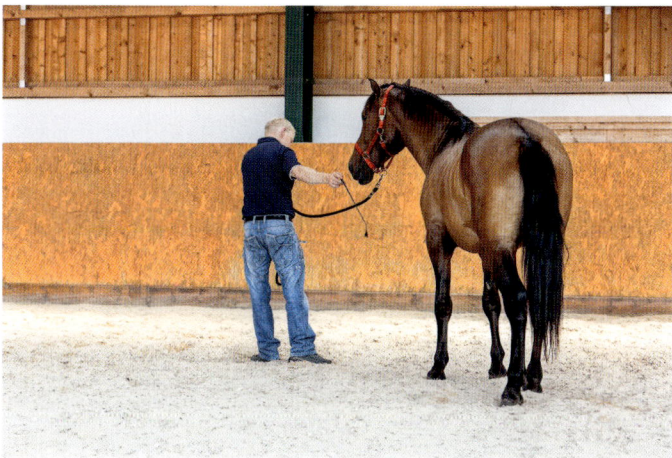

9 Der Handwechsel ist nun komplett. Ich wechsle Gerten- und Strickhand, schaue in der neuen Laufrichtung wieder vor die Nase des Pferdes auf den Boden ...

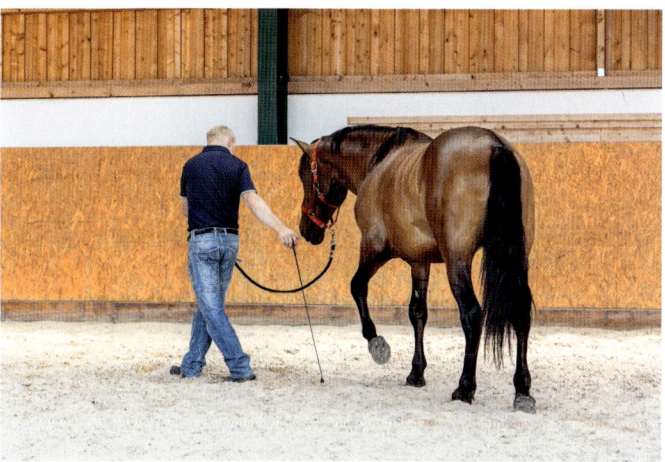

10 ... und treibe die Schulter des Pferdes an mir vorbei ins Longieren.

Führung der Gertenhand zum Temposteigern

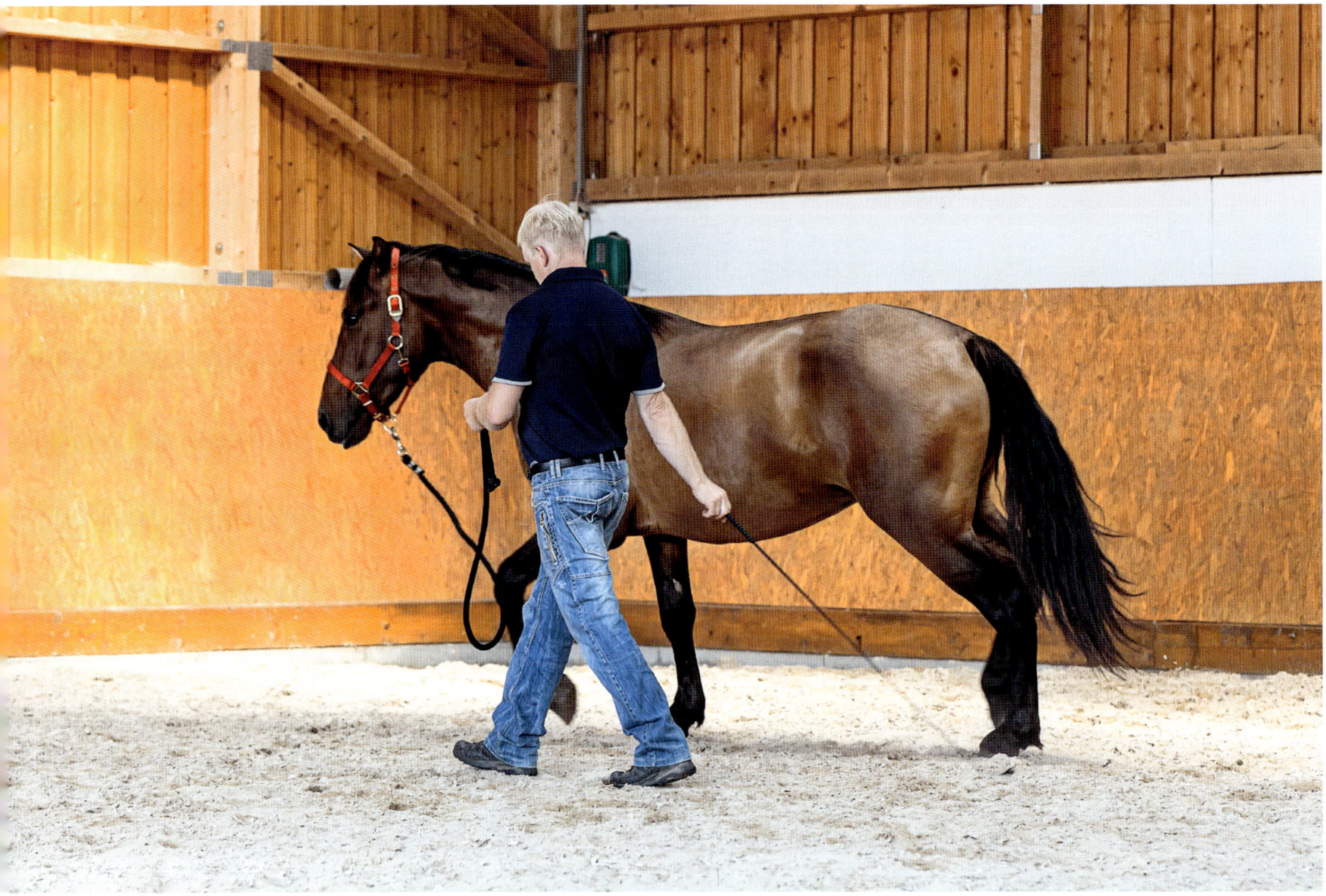

1 Das Tempo beim Longieren wird gesteigert mit Hilfe der Gertenhand.

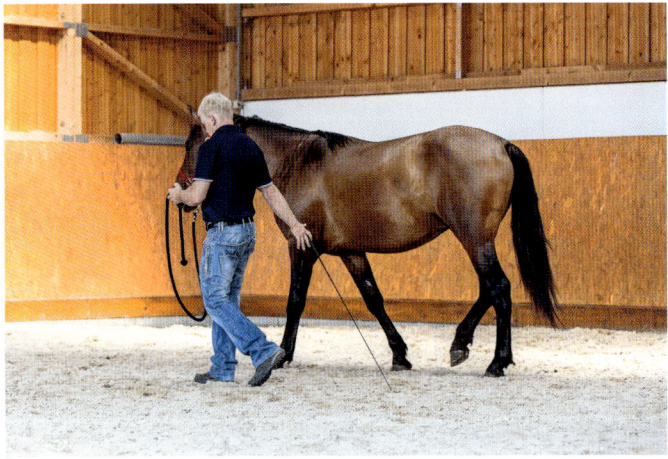

2 Ich erhöhe zuerst leicht meine Körperspannung, indem ich die Finger der Gertenhand abspreize.

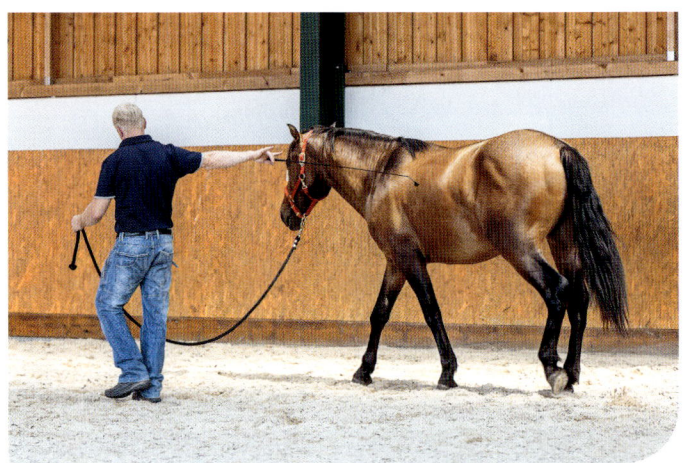

3 Dann hebe ich die Gertenhand langsam nach hinten-oben, ...

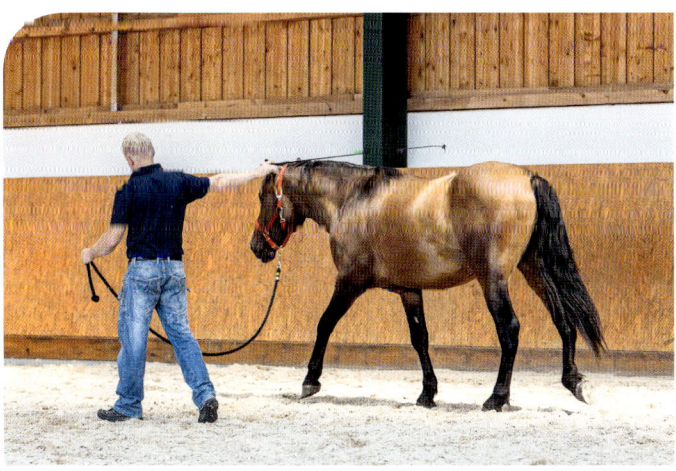

4 ..., über den Widerrist des Pferdes hinaus, ...

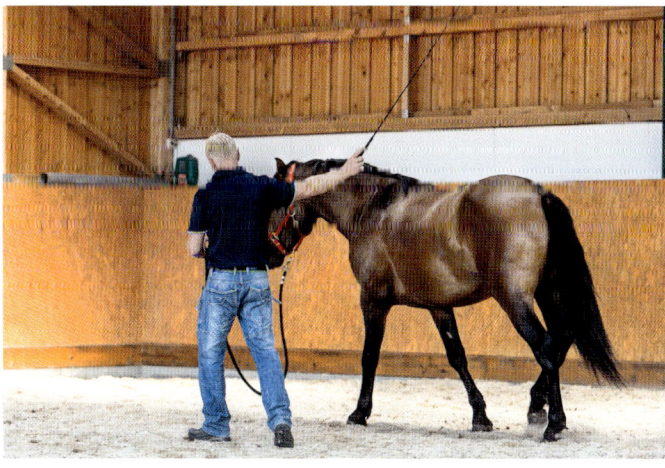

5 ..., bis sie so hoch ist, dass ich sie schnell nach unten führen und so ein Geräusch erzeugen kann.

6 Spätestens aufgrund des Geräuschs hat das Pferd sein Tempo gesteigert. Wenn es mit dem Ablauf vertraut ist, wird es über die Vorwegnahme irgendwann nur auf die abgespreizten Finger meiner Gertenhand reagieren.

Vorwegnahme des Augenspiels

1 Saskia und ihr Ponyhengst Mescalino beim freien gymnastizierenden Longieren auf dem Platz.

2 Mescalino ist schon über 20 Jahre alt, aber hervorragend gymnastiziert.

3 Saskia zeigt Mescalino über den Blick in sein Auge an, sich nach innen zu biegen.

4 Worauf der Hengst in Vorwegnahme des weiteren Augenspiels prompt mit Innenstellung reagiert ...

5 ... und eine schöne, natürlich gymnastizierende Haltung zeigt.

WARUM DIESE ÜBUNG?

Wie alle anderen Übungen ist auch das Longieren auf die Freiarbeit ausgerichtet. Sind die Bewegungsimpulse über die Augen gefestigt, können wir mit ihnen in der Freiarbeit sehr fein kommunizieren.

TIPPS

Viele sind es gewohnt, gerade das Longieren mit irgendwelchem Schnalzen oder Stimmkommandos zu begleiten. Hier sprechen wir nicht. Das führt dazu, dass wir viel mehr Aufmerksamkeit vom Pferd bekommen, weil wir ihm über die Stimme nicht schon alles verraten. Das Pferd muss sich mehr auf dich konzentrieren, deshalb achte auf ausreichende Pausen.

Achte auch darauf, dass du dein Pferd während des Longierens nicht anschaust, außer im Augenspiel. Es ist möglich, das Pferd mit allen Sinnen wahrzunehmen, ohne es zu fokussieren – nichts anderes tun Pferde in einer Herde. Der fokussierte Blick ist dem Augenspiel vorbehalten. Viele Kontrollblicke verwirren hier das Pferd, weil es diese dann nicht mehr von den klaren Blicksignalen des Augenspiels unterscheiden kann.

Wenn du das Augenspiel beginnst, solltest du unverändert in deiner Vorwärtsbewegung bleiben. Erst das Pferd hält dich an.

Hinlegen

Viele glauben, es sei die Krönung der Bodenarbeit und ein riesen Vertrauensbeweis, wenn ihr Pferd sich auf ihren Befehl hinlegt. Das ist eine Fehleinschätzung. Es gibt Pferde, die sich einfach hinlegen, selbst wenn der Mensch ihnen dabei im Weg steht.

Das eigentlich Anspruchsvolle am Hinlegen ist unser Timing und Geduld. Wir nutzen hier das natürliche Bedürfnis des Pferdes, sich zu wälzen, um die vorher etablierten Signale zum Hinlegen damit zu verknüpfen. Stefan zeigt das Erarbeiten der Signale zum Hinlegen zuerst mit der vierjährigen Pelusa, die es noch gar nicht kennt. Mit seinem Scheckwallach Amigo zeigt er, wie einfach das Hinlegen auf Kommando geht, wenn das Pferd mit der Übung vertraut ist.

Die Schritte

Vorbereitung

Man sollte das Hinlegen zu einer Tageszeit und an einem Ort üben, an dem das Pferd von sich aus gerne liegt. Dazu muss man sein Pferd vorher beobachten.

Auch sollte man zuvor genau beobachten, ob das eigene Pferd sich beim Hinlegen linksherum oder rechtsherum dreht, ob es mit einem Bein zuerst einknickt und wenn ja, mit welchem. All das ist wichtig, um den natürlichen Ablauf des Hinlegens später nicht zu stören oder zu unterbrechen.

Schließlich sollte man die beiden Signale zum Hinlegen (Kopf absenken und Vorderbein anheben) zuerst in aller Ruhe üben, bis sich das Pferd an sie gewöhnt hat und sie ihm keinen Stress bereiten. Erst dann kann man sie in einer Situation nutzen, in der das Pferd sich tatsächlich hinlegen will.

Kopf absenken

Das erste Signal, welches das Pferd lernen muss, ist die Verknüpfung von »Unter dem Bauch tippen« und »Kopf absenken«.

Wir stellen uns dazu seitlich parallel neben das Pferd, Blickrichtung unter dem Pferd auf den Boden, und neigen unseren Oberkörper leicht nach vorne. Damit signalisieren wir dem Pferd schon: es geht jetzt runter. Mit der Gerte (in unserer präziseren Hand) tippen wir das Pferd unter dem Bauch an, etwa auf Sattelgurtlage. Die Strickhand halten wir dabei ganz minimal auf Zug. Das erlaubt uns, sofort zu spüren, wann der Kopf des Pferdes nach unten nachgibt.

Wir tippen zunächst sanft und gleichbleibend, um zu sehen, wie das Pferd mit dem Impuls umgeht. Passiert nichts, sollten wir das Antippen progressiv steigern.

Das Pferd wird uns unter Umständen zunächst einmal viele Bewegungen anbieten: zurück, zur Seite. etc. Wir tippen weiter, und sobald der Pferdekopf sich auch nur minimal absenkt, loben wir mit der Pause. Die Länge der Pause sollte immer der Höhe der Anforderung entsprechen.

Vorderbein nach hinten beugen

Das zweite Signal, welches das Pferd lernen muss, ist die Verknüpfung von »Hinter dem Karpalgelenk tippen« und »Im Gelenk beugen«.

Wir stehen wieder mit nach vorne geneigtem Oberkörper seitlich parallel zum Pferd.

Mit der Gerte tippen wir das eine Vorderbein hinter dem Karpalgelenk an, zunächst gleichbleibend, und wenn das Pferd nicht reagiert, progressiv steigernd.

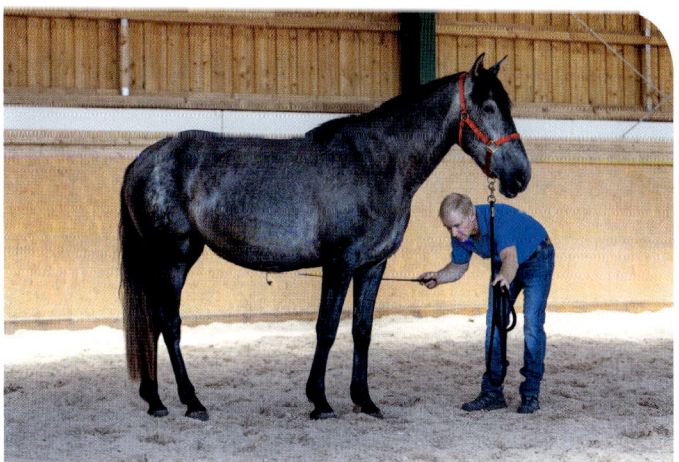

A1 Die erste Verknüpfung herstellen: Tippen unter dem Bauch = Kopf runter. Die Hand am Strick spürt, wann der Kopf sich senkt.

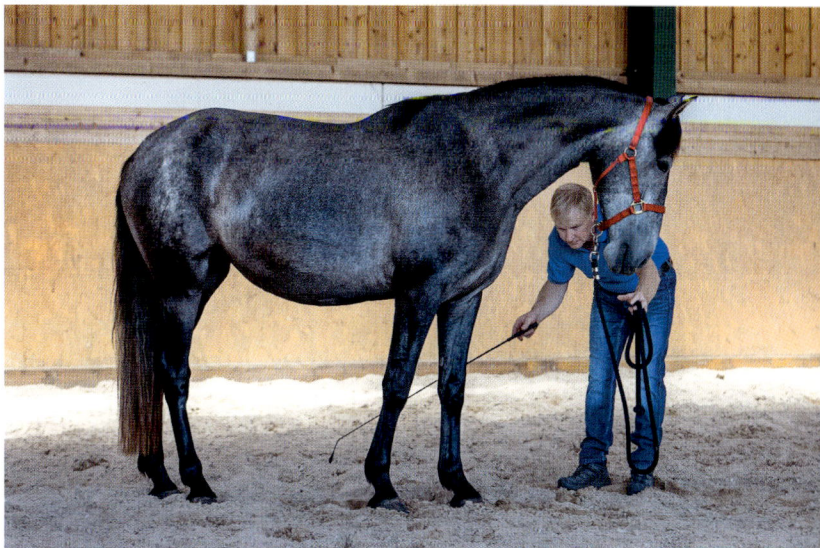

A2 Sobald der Kopf sich senkt, senke ich auch die Gerte ab und lasse die »Strickhand« locker.

Sobald das Pferd das Gelenk beugt und nach hinten abknickt, loben wir mit der Pause. Die Länge der Pause sollte immer der Höhe der Anforderung entsprechen.

Nachdem wir das ein paar Mal wiederholt haben, führen wir das Ganze mit dem anderen Vorderbein durch. Wenn auch das gut klappt, tippen wir mit der Gerte beide Vorderbeine zugleich hinter dem Karpalgelenk an, um das Pferd auch mit diesem Signal vertraut zu machen. Bei manchen Pferden kann es daraufhin schon vorkommen, dass sie mit beiden Beinen vorne einknicken.

Das Pferd beim Hinlegen begleiten

Es ist wichtig, dass das Pferd alle Kommandos ruhig und entspannt umsetzen kann. Kein aufgeregtes Pferd wird sich jemals hinlegen.

Auch der Mensch sollte bei dieser Übung in einer ruhigen Stimmung sein. Reagieren wir euphorisch, wenn das Hinlegen klappt, stören und unterbrechen wir das Pferd damit in seinem Ablauf.

In einer uns bekannten Situation, in der das Pferd sich gerne wälzt (etwa nach dem Absatteln oder beim Betreten der Halle), idealerweise an einer Stelle, wo ein anderes Pferd sich kurz zuvor gewälzt hat, begleiten wir es nun mit unseren Signalen in seinem natürlichen Bedürfnis, sich hinzulegen. Geduld ist beim Hinlegen des Pferdes unser größter Helfer.

Hat das Pferd seinen Ablauf des Hinlegens begonnen (es scharrt, kreiselt oder ist schon im Begriff, vorne einzuknicken), wird dabei jedoch durch irgendeinen äußere Einfluss gestört und will das Hinlegen unterbrechen, setzen wir unsere zuvor geübten Signale ein, um es im Hinlegen zu bestärken. Damit sagen wir ihm: »Mach weiter! Du sollst dich hinlegen!«

Hinlegen auf Kommando

Hat es erstmal die beiden Signale mit dem Ablauf seines Hinlegens verknüpft, können wir das Hinlegen selber initiieren und das Pferd legt sich auf unser Signal ab.

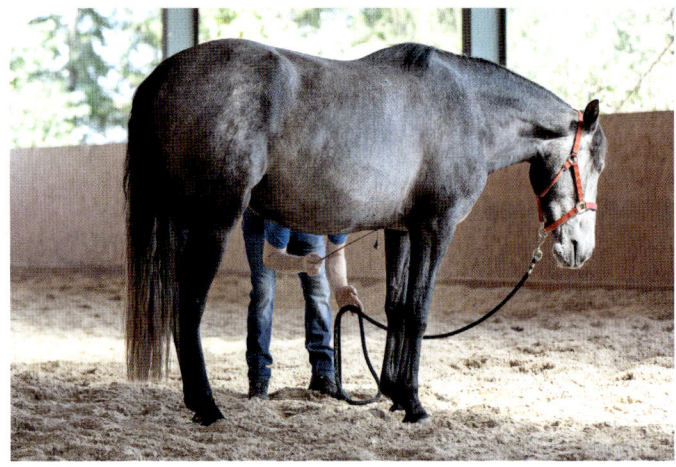

A3 Hier ist die Verknüpfung schon gefestigt, und Pelusa senkt auf Antippen den Kopf ohne Strickhand ab.

A4 Die Nase am Boden animiert sie zum Riechen. Ist das ein Wälzplatz, gibt es jetzt eine gute Chance, dass sie sich hinlegen will.

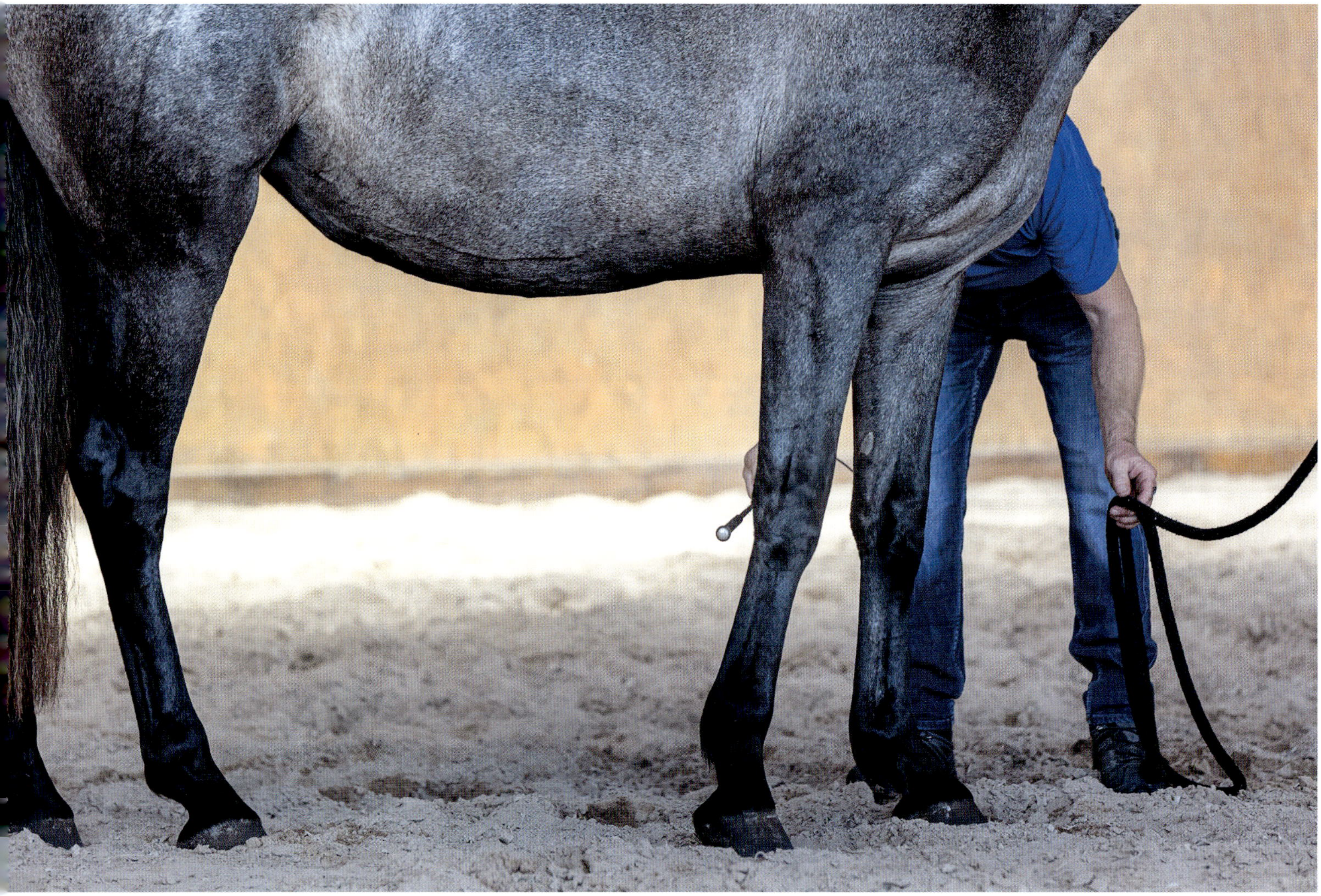

A5 Die zweite Verknüpfung herstellen: Leichtes Tippen mit dem weichen Gertengriff gegen das eine Gelenk = Bein nach hinten beugen.

A6 Sobald das Bein sich beugt, senke ich die Gerte ab.

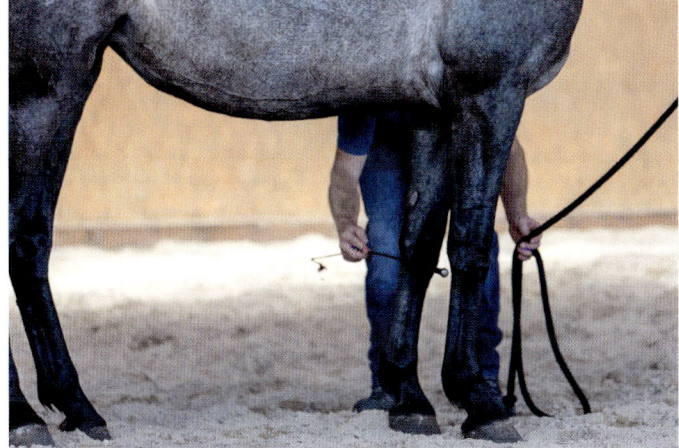

A7 Dann leichtes Tippen mit dem weichen Gertengriff gegen das andere Gelenk.

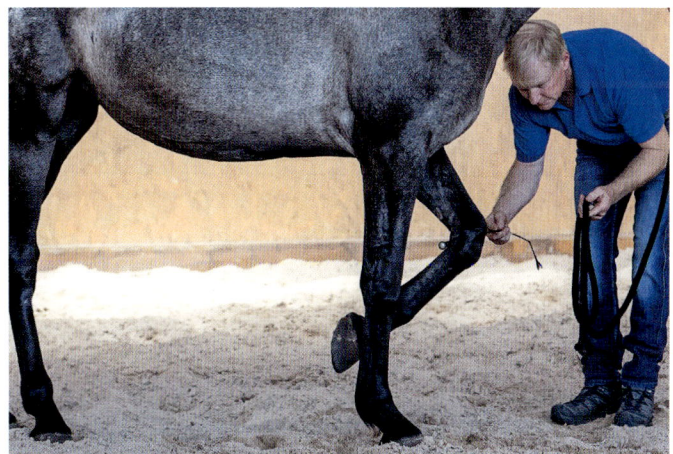

A8 Sobald das andere Bein sich beugt, senke ich die Gerte ab. Wichtig ist, dass Pelusa alles ohne Stress versteht.

B1 Hier zeige ich an meinem Pferd Amigo das Hinlegen. Er nimmt Einzelschritte vorweg und führt sie bei minimalen Hilfen aus.

B2 Nach kurzem Antippen von Bauch und Karpalgelenk ...

B3 ... begibt er sich gleich vor mir ins Hinlegen, ...

B4 ... ohne vorher zu Kreiseln.

B5 Vorne ist er jetzt beidseitig eingeknickt, ...

B6 ... und liegt komplett
in unter 4 Sekunden.

WARUM DIESE ÜBUNG?

Die Übung ist für Mensch und Pferd ein hervorragendes Training, was Situationsgefühl und Timing angeht. Habt ihr sie gemeinsam gemeistert, kannst du auch in der Freiarbeit immer darauf zugreifen.

TIPPS

Je gefestigter das Pferd im Hinlegen auf Kommando ist, desto weniger Signale brauchen wir. Weil es den Ablauf kennt und vorwegnimmt, wird es nur noch ein Antippen des Bauches auf Sattelgurtlage brauchen, damit das Pferd sich hinlegt.

Später können wir dieses Signal dann in ein dreimaliges Antippen des Bodens mit der Gerte umwandeln, worauf das Pferd sich hinlegt. So können wir das Signal auch aus der Distanz geben, wenn wir nicht direkt neben dem Pferd stehen.

Frei draußen folgen

Mit dieser Übung können wir erkennen, wie sich das Pferd uns gegenüber in einer weitläufigen Umgebung verhält: ob es sich anschließt und vertrauensvoll folgt oder ob es sich ablenken lässt und unsere Seite verlässt.

Aus Sicherheitsgründen sollten wir die Übung immer innerhalb einer Absperrung durchführen. Außerdem hilft uns das, ruhig und souverän zu bleiben, wenn das Pferd sich von uns löst. Denn wir wissen, dass es nicht weglaufen kann. Diese innere Haltung wird das Pferd paradoxerweise darin bestärken, an unserer Seite bleiben.

Wir haben auf den Fotos verschiedene Orte und Formen des freien Folgens für dich zusammengestellt. Hier kannst du auch schön erkennen, dass das Pferd sich beim Folgen seine eigene bevorzugte Position suchen kann, solange du nicht hinter seine Schulter kommst. Ob mit einem oder zwei Pferden, in Schritt, Trab, Galopp, durch Gebüsch oder über Plastikplanen – deiner Fantasie sind keine Grenzen gesetzt. Die Grundvoraussetzung ist natürlich, dass zwischen dir und deinem Pferd eine tragfähige Beziehung besteht, sonst kommt es dir schlicht nicht hinterher. Und selbst dann kann es immer mal passieren, dass das Pferd sich von dir löst und du es wieder in eure Beziehung einladen musst, wie Michael es in der kurzen Sequenz mit seiner neun jährigen Paint-Stute Peps on the Rocks zeigt.

Die Schritte

Die Schritte sind im Prinzip dieselben wie in der Führübung, nur dass das Pferd dir jetzt in einer weitläufigen Umgebung frei folgen soll.

Das Pferd steht auf deiner gewohnten Seite. Du hältst die Gerte in deiner präziseren Hand.

Du gehst los, das Pferd soll ebenfalls antreten und dir folgen. Auch hier ist es egal, in welcher Position das Pferd mit dir läuft, also ob hinter dir oder neben dir, solange es dich mit der Schulter nicht überholt.

Nach ein paar Schritten kannst du sanft anhalten und beobachten, ob das Pferd das Anhalten übernimmt. Wenn ja, lobst du sofort mit der Pause. Die Länge der Pause sollte immer der Höhe der Anforderung entsprechen.

A1 Abend-
spaziergang mit
Skol über
die Wiese.

A2 Er konzentriert sich auf mich anstatt auf das grüne Gras.

A3 Irgendwann werde ich ihm erlauben, ein paar Maul
voll zu nehmen.

B1 Das freie Folgen geht auch durch Hindernisse, wie diese Büsche.

B2 Skol und Amigo kommen vertrauensvoll hinter mir her.

B3 Mit jedem Hindernis, was wir gemeinsam überwinden, wird unsere Beziehung tiefer.

D1 Peps folgt Michael hier frei im Galopp und zeigt dabei ein typisches »Spielgesicht«, das viele mit Aggression verwechseln.

D2 Nun nähern sich die beiden der Plane mit Knallfolie.

D3 Peps zögert nicht und bleibt ganz fokussiert auf Michael, anstatt auf die Folie vor ihr.

D4 Auch beim Betreten der Folie bleibt ihr Auge beim Partner.

D5 Ihre Hinterbeine nehmen die Knallfolie mit, was für ein Pferd normalerweise Grund zum Erschrecken ist.

D6 Doch Peps ist so bei Michael, dass es sie nicht beunruhigt. Das Zeichen einer tiefen Beziehung

C1 Peps folgt Michael frei von der Weide zurück auf den Paddock.

C2 Wir sollten dem Pferd immer den Vertrauensvorschuss schenken, dass es bei uns bleiben wird. Das lässt uns souverän wirken.

C3 Dennoch sollten wir solche freien Spaziergänge nur unter ausreichenden Sicherheitsvorkehrungen machen.

E1 Wenn das Pferd sich in der freien Arbeit von dir löst, darfst du es nicht von vorne blockieren.

E2 Du solltest stattdessen, wie in der Rechts-Links Übung, beständig auf seine Kruppe zugehen.

E3 Irgendwann kommt das Pferd dann mit der Vorhand auf dich zu, um dich zu blockieren.

TIPPS

Wird die Distanz zwischen dir und dem Pferd zu groß, kannst du es durch ein leichtes Antippen der Schulter (wie in der Komm-zu-mir-Übung) dazu ermuntern, zu dir aufzuschließen.

Auch die Rechts-Links-Übung oder das Geh-zurück kannst du frei abfragen, um zu sehen, ob das Pferd mit seiner Aufmerksamkeit bei dir bleibt. Übst du auf einer Weide und will das Pferd zwischendurch Gras fressen, kannst du das ruhig ein wenig zulassen. Dann forderst du das Pferd wie in der Futterschüssel-Übung mit dem Rechts-Links auf, sich zu bewegen, wenn du dich bewegst. Löst sich das Pferd daraufhin von dir und geht weg, folgst du ihm nach, wobei du beständig auf seine Kruppe zugehst. Erinnert es sich wieder an die Rechts-Links-Übung und bewegt sich auch nur einen kleinen Schritt auf dich zu, lobst du sofort mit der Pause.

Ist das Frei-folgen gefestigt, sind deiner Fantasie keine Grenzen gesetzt. Du kannst verschiedene Tempovarianten ausprobieren, wobei das Pferd dein Tempo übernehmen sollte. Wenn das Pferd dir auch in einem schnellen Tempo folgt, geht es schon ins Spielen über. Du kannst mit dem Pferd auch frei über die Plastikplane laufen oder über Hindernisse in der Natur.

Wichtig beim Frei-folgen ist, dass du dem Pferd immer den Vertrauensvorschuss schenkst, dass es bei dir bleiben wird. Das lässt dich souverän wirken und das ist in den Augen des Pferdes sehr attraktiv. Der Vertrauensvorschuss verstärkt die Vertrauensbindung.

WARUM DIESE ÜBUNG?

Das Frei-draußen-folgen ist ein Test für deine Ausstrahlung von Souveränität sowie die Tiefe eurer Beziehung. Zugleich ist sie ein Grundbaustein der Freiarbeit.

Spielen

Das Spielen geschieht spontan aus dem Moment heraus und ist Freude pur. Hier sind Mensch und Pferd in einer gleichberechtigten Kommunikation, in der die Rollen von Beweger und Bewegtem ständig wechseln. Das Pferd muss beim Spielen auch immer »punkten« können, sonst ist es kein Spiel. Das heißt jedoch nicht, dass ich meine Bestimmtheit und Souveränität je aufgeben darf! Hier sagt wirklich ein Bild mehr als tausend Worte. Lass dich von der Energie der Pferd-Mensch-Paare auf unseren Fotos inspirieren: Stefan mit Amigo und mit Daluna und Michael mit Peps beim freien Spiel.

Sicherheitshinweis

Wenn ein Pferd in Spiellaune ist, beginnt es seinen Kopf und Hals schwingend hin und herzuwerfen oder versucht, seinen Partner spielerisch mit den Lippen zu kneifen. Viele missverstehen das »Spielgesicht« des Pferdes mit seinen zurückgelegten Ohren als eine Drohmimik. Bei einer Aggression mit Verletzungsabsicht ist der Kopf jedoch tief und steil, beim Spiel ist er dagegen höher.

Das Pferd kann in Spiellaune sogar auf meinen Arm zukommen und einen Biss androhen. Wenn ein Hengst mich knappen will, ist das für ihn noch Spiel, aber mir täte das richtig weh, weil es für meine Haut viel zu fest ist. Hier ist unbedingt Vorsicht geboten, da man leicht die Beziehungstiefe zum Pferd überschätzt.

Man sollte das Pferd nur zum Spielen anregen, wenn man es auch wieder aus dem Spielmodus herausholen kann. Wenn man das Pferd nicht kontrollieren kann, ist es kein Spiel mehr. Spielen ohne den Respekt des Pferdes zu besitzen, ist kein dünnes Eis, es ist Wasser. Bevor ich frei spiele, muss mein Pferd also in der Lage sein, jederzeit auf mein Angebot der Pause hin umzuschalten und mit mir in die Entspannung zu gehen.

Die Schritte

Das Spielen wird zum Beispiel initiiert durch ein plötzliches Weglaufen vom Pferd, um es zu animieren, dass es dich »fängt«. Dazu solltest du einen Kreis laufen und es sollte dich blockieren können. Weiterhin kann das Spiel auch über ein schnelles Rechts-Links beginnen. Das Pferd springt dann schon vor dir um, sobald du seitlich auf seine Kruppe schaust, um dich schnell zu blockieren. Spielen entsteht auch, wenn im Rechts-Links der Halbkreis, den ich auf die Kruppe zugehe, größer wird. Das Pferd muss dann ebenfalls einen größeren Radius laufen und schneller werden, um mich zu blockieren. So animiere ich das Pferd zu mehr Vorwärtsbewegung, bis es mich »gefangen« hat. Mache ich den Halbkreisradius dagegen enger, gehe also steiler auf die Kruppe zu, wird das Pferd rückwärtsgehen, bis es mich blockieren kann.

Es ist ein Geben und Nehmen von Moment zu Moment. Ich reagiere auf das Pferd, das Pferd reagiert auf mich.

A1 Fangen spielen mit Amigo.

A2 Beim Spielen werden viele Energien frei. Aber auch viel Spaß!

A3 Gleich hat er mich.

B1 Ich fordere Daluna über ein Rechts-Links auf, mich zu »fangen«.

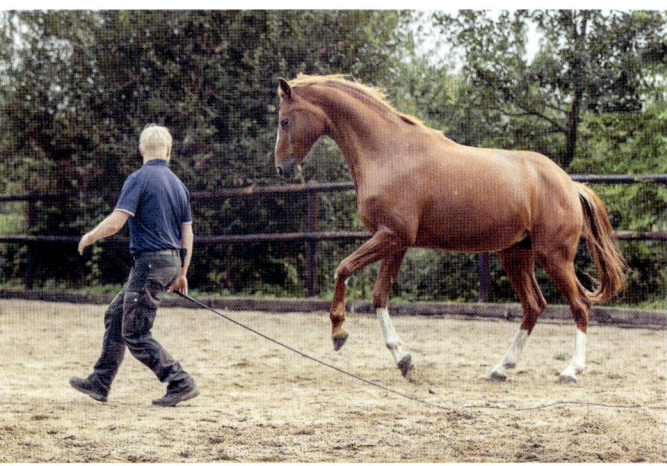

B2 Durch das schnelle Rechts-Links dreht sie auf der Hinterhand.

B3 Ich wende mich sofort ihrer anderen, »offenen« Flanke zu. Ausgetrickst!

B4 Sie rechnet nun damit, dass ich auf ihre linke Flanke zulaufe und macht sich bereit, mich zu blockieren.

B5 Durch meinen schnellen Wechsel auf ihre rechte Flanke habe ich dieses Manöver unterbunden. Wieder ausgetrickst!

B6 Nun laufe ich rückwärts und lasse sie zu mir kommen. Das Pferd muss auch mal punkten, sonst macht das Spiel keinen Spaß!

Peps kneift beim Laufen Michael mit den Lippen am Arm. Sie hat keine Verletzungsabsicht, sondern es ist Ausdruck ihrer Spiellaune. Wir müssen unsere Beziehungstiefe zum Pferd auf jeden Fall korrekt einschätzen können, sonst kann so ein Spiel schnell in respektlose Aggression umschlagen.

C1 Ich fordere Daluna auf, schnell zu mir zu kommen.

C2 Ihr Ausdruck zeigt mir, dass sie in den Spielmodus geht.

C3 Sie versucht, mich durch ihr Kopfhochreißen zu beeindrucken ...

C4 ... und kommt auf mich zu.

C5 Ich signalisiere ihr mit der langen Gerte, dass hier mein Raum beginnt, ...

C6 ..., den sie zu respektieren hat. Sie hält an.

Wirklich auf Augenhöhe
spielen kann ich nur in einem
so weitläufigen Raum,
dass das Pferd sich mir
entziehen kann.

TIPPS

Um wirklich mit dem Pferd ins freie Spielen zu kommen, wähle ich einen Raum, in dem sich das Pferd mir entziehen kann und auch darf. Am Anfang vielleicht einen Reitplatz (im Gegensatz zum Roundpen, wo ich immer Zugriff aufs Pferd habe), später eine offene Wiese. Ich benutze nur noch meine Körpersprache, maximal eine lange Gerte als verlängerten Arm. Keine Seile und Halfter mehr, mit denen ich das Pferd dirigieren könnte.

WARUM DIESE ÜBUNG?

Wenn das Pferd motiviert ist, mit mir zu spielen und sich von mir auch wieder aus dem Spiel herausholen lässt, zeugt das schon von einer sehr guten Beziehung.

Unverhüllte Wahrheit: Die Freiarbeit

Ich habe Jean François Pignon oft sagen hören: »Die Freiarbeit ist und bleibt empfindlich.« Dieses Zitat zeigt auf, dass wir in der Freiarbeit immer wieder neu der unverhüllten Wahrheit begegnen. Der Wahrheit über unser Pferd, uns selbst und die Natur unserer Beziehung. Freiarbeit ist für mich ungeschminkte Ehrlichkeit, weil ich keine Hilfsmittel nutze, außer einer Gerte mit Schlag als mein verlängerter Arm und das Pferd sich frei entscheiden kann, mit mir zusammen zu sein.

Frei arbeite ich immer nur in einem Raum, der groß genug ist, dass das Pferd sich auch frei entscheiden kann, bei mir zu bleiben, mit mir zu kommunizieren und zusammenzuarbeiten. Wähle ich einem Raum, in dem das Pferd aufgrund seiner Größe oder Form gezwungen ist, mit mir zu kommunizieren, bekomme ich kein echtes Feedback über den Stand unserer Beziehung.

Viele Leute denken, meine Freiarbeits-Darbietungen seien vorher genau choreografiert, und ich würde einfach nur Dinge abrufen, die wir einstudiert haben. Das ist ein Irrtum. So wie ich den Unterschied von Spielen und Freiarbeit definiere, ist das Spielen ja reine Aktion und Reaktion, spontan aus dem Moment heraus. In meinen Shows gibt es neben bestimmten Elementen und Figuren, die wir einstudiert haben, immer auch Raum für das, was spontan entsteht, wo sich komplett aus dem Moment ergibt, wie die Pferde und ich zusammen interagieren und spielen. Viele überraschende Elemente kommen zum Beispiel rein durch äußere Umstände, auf die das Pferd reagiert, worauf ich wiederum reagieren muss. Und natürlich bieten mir die Pferde zwischendurch auch immer Dinge an, auf die sie in diesem Moment Lust haben.

Auf den Fotos siehst du mich im Freiarbeits-Training mit den beiden vierjährigen Friesenhengsten Aaron und Caius, die mir vom Friesengestüt Weihermühle für Auftritte und Shows zur Verfügung gestellt werden. Bei den beiden Quatschköpfen weiß ich nie, was mich mit ihnen in einer Show erwartet, aber genau das macht ja den Reiz und die Lebendigkeit der Freiarbeit aus.

Trifft das Pferd jedoch eine Entscheidung, die für unsere Beziehung nicht förderlich ist oder mit der es sich unter Umständen sogar selbst in Gefahr bringt, wie sich von mir zu lösen und wegzulaufen, muss ich dran bleiben und darauf bestehen, dass es sich mir wieder anschließt. Selbst dazu kann ich es aber nicht zwingen. Es muss immer Ja sagen, wieder zu mir zurück zu kommen.

In der Freiarbeit setzen wir alles zusammen, was wir bis jetzt gelernt haben, können uns mit dem Pferd vorwärts, rückwärts, seitwärts, in allen Tempi, über und durch Hindernisse bewegen, nur dass das Pferd jetzt die freie Wahl hat, ob es bei uns bleibt. Du hast nun von mir alle Grundlagen bekommen, um dich mit deinem Pferd selbst in das Abenteuer Freiheit zu begeben. Wenn wir sie so durchführen, dass das Pferd sich wirklich in jedem Moment frei entscheiden kann, ist die Freiarbeit, neben vielen anderen Dingen, der genaueste Anzeiger für unsere Beziehungsqualität und kann die Auszeichnung einer echten, tiefen Beziehung sein.

Jeder Weg in Freiheit ist hochindividuell, jede Trainingseinheit pferdeabhängig, situationsabhängig, tagesformabhängig. Ab hier beginnst du nun, deine eigene Geschichte schreiben. Über dich und dein Pferd. Dein Lebensbuch über euch und eure ganz besondere Beziehung.

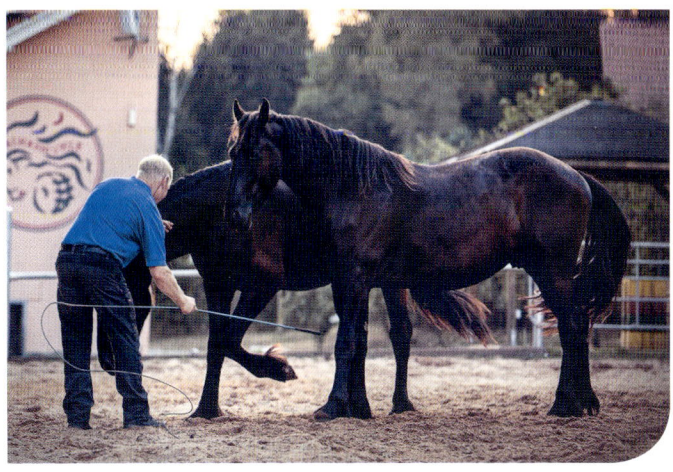

Dankeschön!

Danke an all die tausend Pferde, die mich unterrichtet haben. Und danke an Jean- François, dass du mir die Tür geöffnet hast.

Danke an Heike und Erik Smirr vom saarländischen PRE Andalusiergestüt Smirr , dass ihr uns für die Übungen eure wundervollen Spanier zur Verfügung gestellt habt und wir auf euren Weiden nach Herzenslust fotografieren durften.

Danke an Nora Eisenlauer vom Schmelzer Friesengestüt Weihermühle für die Fotos mit den »Zauberrössern« Aaron und Caius.

Danke an Saskia und Fenja, Frank und Michael sowie eure Pferde, dass wir euch für dieses Buch fotografieren durften.

Danke an Nadine Hengen für die kongeniale Übersetzung von Jean-François.

Danke an Julia Wagner, dass du an Bord dieses Herzensprojekts gekommen bist. Dein Design bringt das Buch zum Leuchten!

Danke an Peter Becker, dass wir deine Fotos vom Schwimmen verwenden durften.

Last but not least ein riesengroßes Dankeschön an unsere Fotografinnen Nicoletta Gavar und Rachel Jackson. Ohne eure Bilder wäre das Buch nicht, was es ist!

Stefan und Alexia

Die Fotografinnen

Nicoletta Gavar

»Schöne Geschichten sind es wert, erzählt zu werden. Und Deine ganz besonders!«

Das Gestalten mit Bildern jeglicher Art ist seit jeher eine von Nicolettas größten Leidenschaften. Nahezu ihr ganzes Berufsleben war Nicoletta in der Werbebranche tätig – angestellt, freiberuflich und später mit eigener kleiner Agentur. Doch erst als ihr Weg sie zur Fotografie führte, wusste sie, dass ihr Traumberuf sie gefunden hat.

Heute ist Nicoletta TierMensch-Fotografin und Expertin für Bildgeschichten.

Mit ihrer künstlerischen Fotografie erzählt sie individuelle Geschichten, kreiert emotional und phantasievoll tierische Lieblingsmomente für die Ewigkeit.

In ihrer Akademie für Bildgeschichten coacht sie fotobegeisterte Tiermenschen zu einem Fotografieren mit Herz und Bauch.

Für dieses Buch hat Nicoletta einerseits ausdrucksstarke Portraits der Andalusier des Gestüts Smirr geschaffen. Andererseits rühren ihre Bilder von Stefan in der Arbeit mit verschiedenen Pferden die tiefe Natur der Pferd-Mensch Beziehung an.

Du kannst Nicoletta kontaktieren unter:
info@nicolettagavar.de

Rachel E. Jackson

»Every picture is trying to capture that special moment, which touches something hidden deep inside …«

Rachel hat den größten Teil ihres Lebens als Tänzerin, Choreographin und Tanzpädagogin verbracht. Das Fotografieren von Landschaften und Natur war für sie schon immer ein Ausgleich zu ihrer herausfordernden Arbeit in der von Konkurrenzkampf geprägten Welt des Tanzes.

Wenn sie erfolgreiche neue Choreographien auf Weltklasseniveau entwickelt, nutzt sie ihr feines Gespür für Rhythmen und Musik, Schatten und Licht sowie das Zusammenspiel von Farben und Formen, um etwas Einzigartiges zu erschaffen.

Diese Eigenschaften kommen auch in ihrer Arbeit als Fotografin zum Zuge, wenn sie ihre fotografischen Themen und Objekte auswählt. Es geht ihr darum, das *eine* Bild zu finden, welches Farbe, Form und Licht zu einem unvergesslichen Eindruck verwebt.

Mit ihren Pferde- und Nature-Fotos für dieses Buch trägt Rachel dazu bei, dem Leser Zugang in eine Welt voller Stille, Kraft und Vertrauen zu weisen, die sich sowohl in der Natur als auch im tiefen Zusammensein mit einem Pferd öffnen kann.

Du kannst Rachel kontaktieren unter:
info@rachelejacksonphotography.com

Die Autoren

Stefan Valentin

Stefan wurde 1969 in Schmelz geboren und hat noch 4 Brüder, ist verheiratet und hat 5 Kinder. Erlernt hat er den Beruf des Berg– und Maschinenmanns und arbeitete 8 Jahre unter Tage. Danach schulte er um zum Fliesenleger. In diesem Beruf arbeitet er noch heute im öffentlichen Dienst.

Neben seiner Trainerarbeit mit Pferden in der »Feinen Sprache«, Vortragstätigkeit, Wochenendkursen und der jährlichen Ausbildung von Pferdepsychologen in seiner Methode arbeitet Stefan im Team von *Fair boss feeling* als Trainer für die Entwicklung von Führungskompetenz an Pferden. Die Pferde ermöglichen es, gezielt und auf einfühlsame Weise, Instinkte und Intuitionsfähigkeit freizulegen, die für Führungskräfte notwendig sind.
www.fair-boss-feeling.com

Du kannst Stefan kontaktieren unter:
kontakt@steva-saar.de

Alexia Meyer-Kahlen

Pferde und das Schreiben haben Alexia Meyer-Kahlen ihr ganzes Leben begleitet. Geboren 1966 und aufgewachsen mit eigenen Pferden, begann sie ihr erstes Pferdebuch mit 10 Jahren zu schreiben, was sich später in einem Drehbuchstudium am American Film Institute, Los Angeles sowie einer Promotion über den kreativen Schreibprozess fortsetzte.

Sie lebt heute mit Pferden, Hund und Katzen auf ihrem Helfenbein Hof im osthessischen Vogelsberg, wo auch die Pferderomane *Wild Soul. Wir sind eins*, *Endless Trust. Nichts kann uns trennen* und *Harmony. Ein Pferd für immer* entstanden sind.

In ihrer psychotherapeutischen *Praxis für Einklang* widmet sie sich vor allem dem Thema Achtsamkeit am Partner Pferd mit Körper, Geist und Seele.

Du kannst Alexia kontaktieren unter:
hallo@alexia-meyer-kahlen.com

Impressum

Einbandgestaltung: R2 | Ravenstein, Verden

Titelfotos und Foto auf der Umschlagrückseite: Nicoletta Gavar

Bildnachweis:
Nicoletta Gavar:
3–7, 13–27, 50-77, 82, 100–149, 154–172, 177–178, 180, 183–189
Rachel E. Jackson:
9–11,28–49, 79–81, 85–99, 173–175, 179, 181
Peter Becker (www.unblind.de):
151–153

Alle Angaben in diesem Buch wurden nach bestem Wissen und Gewissen gemacht. Für einen eventuellen Missbrauch der Informationen in diesem Buch können weder die Autoren noch der Verlag oder die Vertreiber des Buches zur Verantwortung gezogen werden. Eine Haftung für Personen-, Sach- und Vermögensschäden ist ausgeschlossen.

ISBN 978-3-275-02166-6

Copyright © by Müller Rüschlikon Verlag
Postfach 103743, 70032 Stuttgart
Ein Unternehmen der Paul Pietsch Verlage GmbH & Co. KG

3. Auflage 2022

Sie finden uns im Internet unter www.mueller-rueschlikon-verlag.de

Nachdruck, auch einzelner Teile, ist verboten. Das Urheberrecht und sämtliche weiteren Rechte sind dem Verlag vorbehalten. Übersetzung, Speicherung, Vervielfältigung und Verbreitung einschließlich Übernahme auf elektronische Datenträger wie DVD, CD-ROM usw. sowie Einspeicherung in elektronische Medien wie Internet usw. ist ohne vorherige Genehmigung des Verlages unzulässig und strafbar.

Lektorat: Claudia König

Innengestaltung: Julia Wagner, grafikanstalt, Hamburg

Druck und Bindung: Graspo CZ, 76302 Zlin
Printed in Czech Republic

Verwendete Literatur in *Ein bisschen Theorie*
Stangl, Werner (2019). Online Lexikon für Psychologie und Pädagogik. https://lexikon.stangl.eu
Wendt, Marlitt (2010). Vertrauen statt Dominanz. Wege zu einer neuen Pferdeethik
Zeitler-Feicht, Margit H. (2015). Handbuch Pferdeverhalten. Ursachen, Therapie und Prophylaxe von Problemverhalten

Verwendete Literatur in *Im Geist des Pferdes*
Katie, Byron (2002). Lieben was ist. Wie vier Fragen Ihr Leben verändern können
Zitat aus dem Kleinen Prinzen. www.derkleineprinz-online.de

Quellen für die Achtsamkeitsübungen in *Die Praxis des Menschen*
Assagioli, Roberto (2004). Handbuch der Psychosynthese. Grundlagen, Methoden und Techniken
Linehan, Marsha M. (2008). Dialektisch-Behaviorale Therapie der Borderline-Persönlichkeitsstörung: DBT Therapiebuch
Techniker Krankenkasse. Anleitung: Den Atem beobachten. https://www.tk.de/techniker/magazin/life-balance/aktiv-entspannen/atementspannung-zum-download-2007126
Ulrich Ott (2010). Webseite zum Buch Meditation für Skeptiker. Anleitung zum Body-Scan https://sites.google.com/site/meditationfuerskeptiker/kapitel/fuehlen
Kirch, Doris (2015). Den Bodyscan lieben lernen. https://dfme-achtsamkeit.de/wp-content/uploads/2015/10/Den_Bodyscan_lieben_lernen.pdf

Audio-Downloads für die Übungsanleitungen:
www.achtsamkeit-am-pferd.de

Exklusives Angebot für Sie!

CAVALLO liefert Reitern aktuelles Wissen, verlässlichen Rat, gründliche Tests und spannende Einblicke in die Welt der Pferde. Unter dem Motto „Weil wir Pferde lieben" widmet sich das Magazin mit kritischem Blick besonders Training und Ausbildung von Pferden, ihrer Haltung und Fütterung, der Pferdemedizin sowie Erlebnissen mit Pferden aus der ganzen Welt.

2 Monate Gratis testen!
Gleich bestellen unter: www.cavallo.de/testen